DISCOURS
SUR
LES DIFFERENTES FIGURES
DES ASTRES;

D'OU L'ON TIRE DES CONJECTURES
sur les E'toiles qui paroissent changer de
grandeur; & sur l'Anneau de Saturne.

AVEC

Une Exposition abbrégée des Systemes de M.
Descartes & de M. Newton.

*Par M. DE MAUPERTUIS, de l'Académie Royale
des Sciences, & de la Société Royale de Londres.*

A PARIS,
DE L'IMPRIMERIE ROYALE.

M. DCCXXXII.

TABLE
DES CHAPITRES
CONTENUS
DANS CE DISCOURS.

EXTRAIT DES REGISTRES
de l'Académie Royale des Sciences.

Du 12 Juillet 1732.

MESSIEURS DE REAUMUR & NICOLE, qui avoient été nommés pour examiner un Ouvrage de M. DE MAUPERTUIS *sur les différentes figures des Astres, d'où l'on tire des conjectures sur les E'toiles qui paroissent changer de grandeur, & sur l'Anneau de Saturne, avec une exposition abbrégée des Systemes de M.rs Descartes & Newton,* en ayant fait leur rapport, la Compagnie a jugé que cet ouvrage étoit très-digne d'être imprimé. En foi de quoi j'ai signé le présent Certificat à Paris ce 3 Août 1732.

FONTENELLE,
Secr. perp. de l'Acad. Roy. des Sc.

DISCOURS

DISCOURS
SUR
LES DIFFERENTES FIGURES
DES
CORPS CELESTES;

D'OU L'ON TIRE DES CONJECTURES sur les E'toiles qui paroiſſent changer de grandeur. Et ſur l'Anneau de Saturne.

Avec une Expoſition abbrégée des Syſtemes de M. Deſcartes & de M. Newton.

CHAPITRE I.

Réfléxions générales ſur la figure de la Terre.

DEPUIS les temps les plus reculés, on a crû la Terre ſphérique, malgré l'apparence qui nous repréſente ſa ſur-face comme platte, lorſque nous la conſidérons

A

du milieu des Plaines ou des Mers ; cette apparence ne peut tromper que les gens les plus grossiers ; les Philosophes, d'accord avec les Voyageurs, se réünissent à regarder la Terre comme sphérique. D'une part, les Phénomenes dépendant d'une telle forme, & de l'autre une espece de régularité, avoient empêché d'avoir aucun doute sur cette sphéricité ; cependant à considérer la chose avec exactitude, ce jugement que l'on porte sur la sphéricité de la Terre, n'est guéres mieux fondé que celui qui feroit croire qu'elle est platte, sur l'apparence grossiére qui la représente ainsi ; car quoique les Phénomenes nous fassent voir que la Terre est ronde, ils ne nous mettent cependant pas en droit d'assûrer que cette rondeur soit précisément celle d'une Sphére.

En 1672, M. Richer étant allé à la Cayenne, pour faire des Observations astronomiques, trouva que l'Horloge à pendule qu'il y avoit portée, retardoit considérablement sur le moyen mouvement du Soleil. Il étoit facile de conclurre de là que le Pendule qui battoit les Secondes à Paris, devoit être raccourci pour les battre à la Cayenne.

Si l'on fait abstraction de la résistance que l'Air apporte au mouvement d'un Pendule, (comme on le peut faire ici sans erreur sensible) la durée des Oſcillations d'un Pendule qui décrit des Arcs de Cycloïde, ou, ce qui revient au même, de très-petits Arcs de Cercle, dépend de deux cauſes ; de la force avec laquelle les Corps tendent à tomber perpendiculairement à la ſurface de la Terre, & de la longueur du Pendule. La longueur du Pendule demeurant la même, la durée des Oſcillations ne dépend donc plus que de la force qui fait tomber les Corps, & cette durée devient d'autant plus longue que cette force devient plus petite.

La longueur du Pendule n'avoit point changé de Paris à la Cayenne : car quoiqu'une verge de métal s'allonge à la chaleur, & devienne par-là un peu plus longue, lorſqu'on la tranſporte vers l'Équateur ; cet allongement eſt trop peu conſidérable pour qu'on lui puiſſe attribuer le retardement des Oſcillations, tel qu'il fut obſervé par M. Richer ; cependant les Oſcillations étoient devenuës plus lentes, il falloit donc que la force qui fait tomber les Corps fût devenuë plus petite ; le poids d'un même Corps étoit donc moindre à la Cayenne qu'à Paris.

Cette obſervation étoit peut-être plus ſinguliére que toutes celles qu'on s'étoit propoſées ; on vit bien-tôt cependant qu'elle n'avoit rien que de conforme à la Théorie des forces centrifuges, & que l'on n'eût, pour ainsi dire, dû prévoir.

Une force secrette qu'on appelle *pesanteur,* attire ou chasse les Corps vers le centre de la Terre. Cette force, si on la suppose par tout la même, rendroit la Terre parfaitement sphérique, si elle étoit composée d'une matiére fluide & homogene, & qu'elle n'eût aucun mouvement : car il est évident qu'afin que chaque colomne de ce fluide, prise depuis le centre jusqu'à la superficie, demeurât en équilibre avec les autres, il faudroit que son poids fût égal au poids de chacune des autres ; & puisque la matiére est supposée homogene, il faudroit pour que le poids de chaque colomne fût le même, qu'elles fussent toutes de même longueur. Or il n'y a que la Sphére, dans laquelle cette propriété se puisse trouver ; la Terre seroit donc parfaitement sphérique.

Mais c'est une Loi pour tous les Corps qui décrivent des Cercles, de tendre à s'éloigner du centre du Cercle qu'ils décrivent, & cet effort qu'ils font pour cela, s'appelle *force centrifuge ;* l'on sçait encore que si des Corps égaux décrivent dans le même temps des Cercles différents, leurs forces centrifuges sont proportionnelles aux Cercles qu'ils décrivent,

Si donc la Terre vient à circuler autour de son axe, chacune de ſes parties acquerera une force centrifuge, d'autant plus grande que le Cercle qu'elle décrira ſera plus grand, c'eſt-à-dire, d'autant plus grande, qu'elle ſera plus proche de l'Equateur, cette force allant s'anéantir aux Poles.

Or, quoiqu'elle ne tende directement à éloigner les parties du centre de la Sphére, que ſous l'Equateur, & que par-tout ailleurs elle ne tende à les éloigner que du centre du Cercle qu'elles décrivent ; cependant en décompoſant cette force, déja d'autant moindre qu'elle s'exerce moins proche de l'Equateur, on trouve qu'il y en a une partie qui tend toûjours à éloigner les parties du fluide du centre de la Sphére.

Or en cela cette force eſt abſolument contraire à la peſanteur, & en détruit une partie plus ou moins grande, ſelon le rapport qu'elle a avec elle. La force donc qui anime les Corps à deſcendre, réſultant de la peſanteur inégalement diminuée par la force centrifuge, ne ſera plus la même par-tout, & ſera dans chaque lieu d'autant moins grande, que la force centrifuge l'aura plus diminuée.

Nous avons vû que c'eſt ſous l'Equateur que la force centrifuge eſt la plus grande ; c'eſt donc là qu'elle détruira une plus grande partie de la pesanteur. Les Corps tomberont donc plus lentement sous l'Équateur que par-tout ailleurs, les Oscillations du Pendule seront d'autant plus lentes, que les lieux approcheront plus de l'Équateur, & la Pendule de M. Richer, transportée de Paris à la Cayenne, qui n'est qu'à 4.ᵈ 55′ de l'Équateur, devoit retarder.

Mais la force qui fait tomber les Corps, est celle-là même qui les rend pesants : & de ce qu'elle n'est pas la même par-tout, il s'ensuit que toutes nos colomnes fluides, si elles sont égales en longueur, ne peseront pas par-tout également; la colomne qui répond à l'Équateur pesera moins que celle qui répond au Pole ; il faudra donc pour qu'elle soûtienne celle du Pole en équilibre, qu'elle soit composée d'une plus grande quantité de matiére, il faudra qu'elle soit plus longue.

La Terre sera donc plus élevée sous l'Équateur que sous les Poles, & d'autant plus applatie vers les Poles que la force centrifuge sera plus grande par rapport à la pesanteur, ou, ce qui revient au même, la Terre sera d'autant plus applatie, que sa révolution sur son axe sera plus rapide, car la force centrifuge dépend de cette rapidité.

Cependant si la pesanteur est uniforme, c'est-à-dire, la même à quelque distance que ce soit du centre de la Terre, comme M. Huygens l'a supposé, cet applatissement a ses bornes. Il a démontré que si la Terre tournoit sur son axe environ dix-sept fois plus vîte qu'elle ne fait, elle recevroit le plus grand applatissement qu'elle pût recevoir, qui iroit jusqu'à rendre le diametre de son Equateur double de son axe. Une plus grande rapidité dans le mouvement de la Terre, communiqueroit à ses parties une force centrifuge plus grande que leur pesanteur, & elles se dissiperoient.

M. Huygens ne s'en tint pas là; ayant déterminé le rapport de la force centrifuge sous l'Equateur à la pesanteur, il détermina la figure que doit avoir la Terre, & trouva que le diametre de son Equateur devoit être à son axe comme 578 à 577.

Cependant M. Newton partant d'une Théorie différente, & considérant la pesanteur comme l'effet de l'attraction des parties de la matiére, sans déterminer la figure entiére de la Terre, a seulement déterminé le rapport entre le diametre de son Equateur & son axe, qu'il trouve comme 230 à 229.

M. Herman a recherché aussi la figure de

la Terre dans l'hypothese d'une pesanteur proportionnelle à la distance au centre, & a trouvé
que la Terre devroit être une Ellipsoïde, dont
le diametre de l'Equateur seroit à l'axe comme $\sqrt{289}$ à $\sqrt{288}$. Ce qui approche fort du
rapport déterminé par M. Huygens.

Aucune de ces mesures ne s'accorde avec
la mesure actuellement prise par M.rs Cassini
& Maraldi; mais si de leurs Observations, les
plus fameuses qui se soient peut-être jamais
faites, il résulte que la Terre, au lieu d'être
un Sphéroïde applati vers les Poles, est un
Sphéroïde allongé, quoique cette figure ne
paroisse pas s'accorder avec les Loix de la
Statique, il faudroit voir qu'elle est absolument impossible, auparavant de porter atteinte
à de telles Observations.

Dans tous les calculs, dont nous venons
de parler, l'on a considéré la Terre comme
formée d'une matiére homogene & fluide; &
il est vrai que dans cette supposition, la figure
de la Terre sera celle d'un Sphéroïde applati
vers les Poles. Mais une telle homogenéité
peut ne se pas trouver dans la matiére qui
compose la Terre, ce qui pourroit lui donner
une figure différente.

Je n'examine point ici la maniére dont M.
de Mairan a crû qu'on pouvoit conserver à

la Terre, la figure d'un Sphéroïde allongé vers les Poles; cette maniére a été affés difcutée dans les Mémoires de l'Académie*, & dans les Tranfactions Philofophiques *.

CHAPITRE II.

Difcuffion métaphyfique fur l'Attraction.

JE me propofe dans ce Difcours de donner quelques conjectures affés vrai-femblables, par lefquelles j'expliquerois comment il arrive que les Etoiles nous paroiffent quelquefois augmenter ou diminüer de grandeur ; comment de nouvelles Etoiles nous paroiffent quelquefois s'allumer dans les Cieux, ou d'anciennes s'éteindre : enfin comment fe peut former autour d'une Planete un Anneau femblable à celui de Saturne.

Ces phénomenes ne font, pour ainfi dire, que les Corollaires des Problemes où je détermine la forme que doit prendre un amas de matiére fluide qui tourne fur un axe, ou un torrent qui circule autour d'un axe pris hors de lui.

Ces formes dépendent de la pefanteur des

* *Memoires de l'Acad. 1720.*
* *Philofoph. Tranfact. 1725. nomb. 386. 387. 388.*

parties de ces fluides, & de leur force cen- trifuge. Sur cette derniére, il n'y a aucune diverſité de ſentiments parmi les Philoſophes; il n'en eſt pas ainſi de la peſanteur.

Les corps qui circulent, tendent ſans ceſſe à s'échapper par la tangente de la courbe qu'ils décrivent, & cet effort qu'ils font, eſt la force centrifuge.

Quant à la peſanteur, les uns la regardent comme l'effet même de la force centrifuge de quelque matiére qui circulant autour des corps vers leſquels les autres peſent, les chaſſe vers le centre de ſa circulation; les autres ſans en rechercher la cauſe, la regardent comme ſi elle étoit une propriété inhérente au corps.

Quoique les Solutions mathématiques des Problemes que l'on trouvera dans ce diſcours, ſoient indépendantes de la nature de la peſan- teur, cependant comme l'application que j'en fais aux phénomenes de la Nature, en dépend en quelque ſorte, je crois néceſſaire d'en dire ici quelque choſe, afin de faire voir juſqu'où peuvent aller nos explications, ſelon les diffé- rentes idées qu'on peut avoir de la peſanteur.

Ce n'eſt pas à moi de prononcer ſur une queſtion qui partage les plus grands Philoſo- phes; mais il m'eſt permis de comparer leurs idées.

[11]

Un corps en mouvement qui en rencontre un autre, a la force de le mouvoir. Les Cartésiens tâchent de tout expliquer par ce principe, & de faire voir que la pesanteur même n'en est qu'une suite. En cela le fond de leur sisteme a l'avantage de la simplicité; mais il faut avoüer que dans le détail des phénomenes, il se trouve de grandes difficultés.

M. Newton n'étant pas content des explications que les Cartésiens donnent des phénomenes par la seule impulsion, établit dans la Nature un autre principe d'action; c'est que les parties de la matiére pesent les unes vers les autres. Ce principe établi, M. Newton explique merveilleusement tous les phénomenes; & plus on détaille, plus on approfondit son sisteme, & plus il paroît confirmé. Mais outre que le fond du sisteme est moins simple, parce qu'il suppose deux principes; un principe par lequel les corps éloignés, agissent les uns sur les autres, paroît difficile à admettre.

Le mot d'attraction a effarouché les Esprits; plusieurs ont craint de voir renaître dans la Philosophie, la doctrine des qualités occultes.

Mais c'est une justice qu'on doit rendre à M. Newton, il n'a jamais regardé l'attraction comme une explication de la pesanteur des corps les uns vers les autres : il a souvent averti qu'il n'employoit ce terme que pour défigner un fait, & non point une caufe; qu'il ne l'employoit que pour éviter les fiftemes & les explications; qu'il fe pouvoit même que cette tendance fût caufée par quelque matiére fubtile qui fortiroit des corps, & fût l'effet d'une véritable impulfion; mais que quoique ce fût, c'étoit toûjours un premier fait, dont on pouvoit partir, pour expliquer les autres faits qui en dépendent. Tout effet reglé, quoique fa caufe foit inconnuë, peut être l'objet des Mathématiciens, parce que tout ce qui eft fufceptible de plus & de moins, eft de leur reffort, quelle que foit fa nature; & l'ufage qu'ils en feront, fera tout auffi fûr que celui qu'ils pourroient faire d'objets dont la Nature feroit abfolument connuë. S'il n'étoit permis d'en traiter que de tels, les bornes de la Philofophie feroient étrangement refferrées.

Galilée, fans connoître la caufe de la pefanteur des corps vers la Terre, n'a pas laiffé de nous donner fur cette pefanteur, une Théorie très-belle & très-fûre, & d'expliquer les phénomenes qui en dépendent. Si les corps pefent encore les uns vers les autres, pourquoi ne feroit-il pas permis auffi de rechercher les effets de cette pefanteur, fans en approfondir la caufe. Tout fe devroit donc réduire à examiner s'il eſt vrai que les corps ayent cette tendance les uns vers les autres ; & ſi l'on trouve qu'ils l'ayent en effet, on peut ſe contenter d'en déduire l'explication des phénomenes de la Nature, laiſſant à des Philoſophes plus ſublimes, la recherche de la cauſe de cette tendance.

Ce parti me paroîtroit d'autant plus ſage, que je ne crois pas qu'il nous ſoit permis de remonter aux premiéres cauſes, ni de comprendre comment les corps agiſſent les uns ſur les autres.

Mais quelques-uns de ceux qui rejettent l'attraction, la regardent comme un Monſtre métaphiſique ; ils croyent ſon impoſſibilité ſi bien prouvée, que quelque choſe que la Nature ſemblât dire en ſa faveur, il vaudroit mieux conſentir à une ignorance totale, que de ſe ſervir dans les explications d'un principe abſurde. Voyons donc ſi l'attraction, quand même on la conſidéreroit comme une propriété de la matiére, renferme quelque abſurdité.

Si nous avions des corps les idées complettes ; que nous connuſſions bien ce qu'ils ſont en eux-mêmes, & ce que leur ſont leurs propriétés ; comment, & en quel nombre elles y réſident ; nous ne ſerions pas embarraſſés pour décider ſi l'attraction eſt une propriété

de la matiére. Mais nous fommes bien éloignés
d'avoir de pareilles idées ; nous ne connoiffons
les corps que par quelques propriétés , fans
connoître aucunement le fujet dans lequel ces
propriétés fe trouvent réünies.

Nous appercevons quelques affemblages
différents de ces propriétés ; & cela nous fuffit
pour défigner les idées de tels ou tels corps
particuliers. Nous avançons encore un pas ;
nous diftinguons différents ordres parmi ces
propriétés. Nous voyons que pendant que les
unes varient dans différents corps, quelques
autres s'y retrouvent toûjours les mêmes ; &
de-là nous regardons celles-ci comme des propriétés primordiales, & comme les bafes des
autres.

La moindre attention fait reconnoître que
l'étendüe eft une de ces propriétés invariables.
Je la retrouve fi univerfellement dans tous les
corps, que je fuis porté à croire que les autres
propriétés ne peuvent fubfifter fans elle, &
qu'elle en eft le foutien.

Je trouve auffi qu'il n'y a point de corps
qui ne foit folide ou impénétrable ; je regarde
donc encore l'impénétrabilité comme une propriété effentielle de la matiére.

Mais y a-t-il quelque connexion néceffaire
entre ces propriétés ? l'étendüe ne fçauroit-elle

subsister sans l'impénétrabilité? devois-je prévoir par la propriété d'étendüe, quelles autres propriétés l'accompagneroient? c'est ce que je ne vois en aucune maniére.

Après ces propriétés primitives des corps, j'en découvre d'autres qui, quoiqu'elles n'appartiennent pas toûjours à tous les corps, leur appartiennent cependant toûjours, lorsqu'ils sont dans un certain état; je veux parler ici de la propriété qu'ont les corps en mouvement, de mouvoir les autres qu'ils rencontrent.

Cette propriété, quoique moins universelle que celles dont nous avons parlé, puisqu'elle n'a lieu qu'autant que le corps est dans un certain état, peut cependant être prise en quelque maniére pour une propriété générale relativement à cet état, puisqu'elle se trouve dans tous les corps qui sont en mouvement.

Mais encore un coup, l'assemblage de ces propriétés étoit-il nécessaire? Et toutes les propriétés générales des corps se réduisent-elles à celles-ci? Il me semble que ce seroit mal raisonner que de vouloir les y réduire.

On seroit ridicule de vouloir assigner aux corps d'autres propriétés que celles que l'expérience nous a appris qui s'y trouvent; mais on le seroit peut-être davantage de vouloir, après un petit nombre de propriétés à peine connües, prononcer dogmatiquement l'exclufion de toute autre; comme fi nous avions la mefure de la capacité des fujets, lorfque nous ne les connoiffons que par ce petit nombre de propriétés.

Nous ne fommes en droit d'exclurre d'un fujet, que les propriétés contradictoires à celles que nous fçavons qui s'y trouvent; la mobilité fe trouvant dans la matiére, nous pouvons dire que l'immobilité ne s'y trouve pas; la matiére étant impénétrable, n'eft pas pénétrable. Propofitions identiques, qui font tout ce qui nous eft permis ici.

Voilà les feules propriétés, dont on peut affûrer l'exclufion. Mais les corps, outre les propriétés que nous leur connoiffons, ont-ils encore celle de pefer, ou tendre les uns vers les autres? ou de &c? C'eft à l'expérience, à qui nous devons déja la connoiffance des autres propriétés des corps, à nous apprendre s'ils ont encore celle-ci.

Je me flatte qu'on ne m'arrêtera pas ici, pour me dire que cette propriété dans les corps, de pefer les uns vers les autres, eft moins concevable que celles que tout le monde y reconnoît. La maniére dont les propriétés réfident dans un Sujet eft toûjours inconcevable pour nous. Le Peuple n'eft point étonné

lorfqu'il

lorsqu'il voit un corps en mouvement, communiquer ce mouvement à d'autres; l'habitude qu'il a de voir ce phénomene, l'empêche d'en appercevoir le merveilleux; mais des Philosophes affés déterminés pour vouloir décider *à priori*, quelles propriétés peuvent se trouver dans les corps, & quelles doivent en être bannies; de pareils Philosophes, dis-je, n'ont garde de croire que la force impulsive soit plus concevable que l'attractive. Qu'est-ce que cette force impulsive? comment réside-t-elle dans les corps? qui eût pû deviner qu'elle y réside avant que d'avoir vû des corps se choquer? la résidence des autres propriétés dans les corps n'est pas plus claire. Comment l'impénétrabilité, & les autres propriétés viennent-elles se joindre à l'étendüe? Ce seront-là toûjours des mysteres pour nous.

Mais, dira-t-on peut-être, les corps n'ont point la force impulsive. Un corps n'imprime point le mouvement au corps qu'il choque; c'est Dieu lui-même qui meut le corps choqué, ou qui a établi des loix pour la communication de ces mouvements. Ici l'on se rend sans s'en appercevoir. Si les corps en mouvement n'ont point la propriété d'en mouvoir d'autres ; si lorsqu'un corps en choque un autre, celui-ci n'est mû que parce que Dieu le meut, & s'eſt établi des loix pour cette diſtribution de mouvement ; de quel droit pourroit-on aſſûrer que Dieu n'a pû vouloir établir de pareilles loix pour la Tendance. Dès qu'il faut recourir à un Agent tout puiſſant, & que le ſeul contradictoire arrête, il faudroit que l'on dît que l'établiſſement de pareilles loix renfermoit quelque contradiction ; mais c'eſt ce qu'on ne pourra pas dire ; & alors, eſt-il plus difficile à Dieu de faire tendre ou mouvoir l'un vers l'autre deux corps éloignés, que d'attendre, pour le mouvoir, qu'un corps ait été rencontré par un autre.

Voici un autre raiſonnement qu'on peut faire contre l'attraction. L'impénétrabilité des corps eſt une propriété dont les Philoſophes de tous les partis conviennent. Cette propriété poſée, un corps qui ſe meut vers un autre ne ſçauroit continüer de ſe mouvoir, s'il ne le pénetre ; mais les corps ſont impénétrables ; il faut donc que Dieu établiſſe quelque loi qui accorde le mouvement de l'un avec l'impénétrabilité des deux ; voilà donc l'établiſſement de quelque loi nouvelle devenu néceſſaire dans le cas du choc. Mais deux corps demeurant éloignés, nous ne voyons pas qu'il y ait aucune néceſſité d'établir de nouvelle loi.

Ce raiſonnement eſt, ce me ſemble, le plus

folide que l'on puiffe faire contre l'Attraction.
Cependant quand on n'y répondroit rien, il
ne prouve autre chofe, fi ce n'eft, qu'on ne
voit pas de néceffité dans la tendance des corps ;
ce n'eft pas là non plus ce que je prétends établir ici ; je me fuis borné à faire voir que cette
tendance eft poffible.

Mais examinons ce raifonnement. Les différentes propriétés des corps ne font pas, comme
nous l'avons vû, toutes du même ordre ; il y
en a de primordiales qui appartiennent à la
matiére en général, parce que nous les y re-
trouvons toûjours, comme l'étendüe & l'impénétrabilité.

Il y en a d'un ordre moins néceffaire, &
qui ne font que des états dans lefquels tout
corps peut fe trouver, ou ne fe pas trouver,
comme le repos & le mouvement.

Enfin il y a des propriétés plus particuliéres,
qui défignent les corps, comme une certaine
figure, couleur, odeur, &c.

Si donc il arrive que quelques propriétés
de différents ordres fe trouvent en oppofition,
(car deux propriétés primordiales ne fçauroient
s'y trouver) il faudra que la propriété inférieure cede, & s'accommode à la plus néceffaire, qui n'admet aucune variété.

Voyons donc ce qui doit arriver, lorfqu'un

B ij

corps ſe meut vers un autre, dont l'impénétrabilité s'oppoſe à ſon mouvement. L'impénétrabilité ſubſiſtera inaltérablement ; mais le
mouvement, qui n'eſt qu'un état dans lequel
le corps ſe peut trouver, ou ne ſe pas trouver,
& qui peut varier d'une infinité de maniéres,
s'accommodera à l'impénétrabilité ; parce que
le corps peut ſe mouvoir, ou ne ſe mouvoir
pas ; il peut ſe mouvoir d'une maniére ou
d'une autre ; mais il faut toûjours qu'il ſoit
impénétrable, & impénétrable de la même
maniére. Il arrivera donc dans le mouvement
du corps quelque phénomene, qui ſera la ſuite
de la ſubordination entre les deux propriétés.

Mais ſi la peſanteur étoit une propriété du
premier ordre ; ſi elle étoit attachée à la matiére,
indépendamment des autres propriétés, nous
ne verrions pas que ſon établiſſement fût néceſſaire, parce qu'elle ne le devroit point à la
combinaiſon des autres propriétés.

Faire contre l'attraction le raiſonnement
que nous venons de rapporter, c'eſt comme
ſi, de ce qu'on eſt en état d'expliquer quelque
phénomene, on conclüoit que ce phénomene
eſt plus néceſſaire que les premiéres propriétés
de la matiére, ſans faire attention que ce phénomene ne ſubſiſte qu'en conſéquence de ces
premiéres propriétés.

Tout ce que nous venons de dire ; ne prouve pas qu'il y ait d'attraction dans la Nature ; je n'ai pas non plus entrepris de le prouver. Je ne me fuis propofé que d'examiner fi l'attraction, quand même on la confidéreroit comme une propriété inhérente à la matiére, étoit métaphyfiquement impoffible. Si elle étoit telle, les phénomenes les plus preffants de la Nature ne pourroient pas la faire recevoir. Mais fi elle ne renferme ni impoffibilité ni contradiction, on peut librement examiner fi les phénomenes la prouvent ou non. L'attraction n'eft plus, pour ainfi dire, qu'une queftion de fait ; c'eft dans le Syfteme de l'Univers qu'il faut aller chercher, fi c'eft un principe qui ait effectivement lieu dans la Nature; jufqu'à quel point il eft néceffaire pour expliquer les phénomenes; ou enfin s'il eft inutilement introduit pour expliquer des faits que l'on explique bien fans lui.

Dans cette vûë, je crois qu'il ne fera pas inutile de donner ici quelque idée des deux grands Syftemes qui partagent aujourd'hui le Monde philofophe. Je commencerai par le Syfteme des Tourbillons, non feulement tel que M. Defcartes l'établit, mais avec tous les raccommodements qu'on y a faits.

J'expoferai enfuite le Syfteme de M. Newton

autant que je le pourrai faire, en le dégageant de ces Calculs qui font voir l'admirable accord qui regne entre toutes fes parties, & qui lui donne tant de force.

CHAPITRE III.

Explication du mouvement des Planetes par les Tourbillons.

POUR expliquer les mouvements des Planetes autour du Soleil, M. Defcartes les fuppofe plongées dans un fluide, qui circulant lui-même autour de cet Aftre, forme le vafte Tourbillon dans lequel elles font entraînées, comme des vaiffeaux abandonnés au courant d'un fleuve.

Cette explication, fort fimple au premier coup d'œil, fe trouve fujette à de grands inconveniens, lorfqu'on l'examine.

Les Planetes fe meuvent autour du Soleil, mais avec certaines circonftances qu'il ne nous eft plus permis d'ignorer.

Les routes que tiennent les Planetes ne font pas des Cercles, mais des Ellipfes, dont le Soleil occupe le foyer. Une des Loix de la révolution, eft que fi l'on conçoit du lieu d'où une Planete eft partie, & du lieu où elle

ſe trouve actuellement, deux lignes droites tirées
au Soleil, l'aire du Secteur elliptique, formé
par ces deux lignes, & par la portion de l'Ellipſe que la Planete a parcourüe, croît en même
proportion que le temps qui s'écoule pendant
le mouvement de la Planete. De-là vient cette
augmentation de vîteſſe qu'on obſerve dans
les Planetes lorſqu'elles s'approchent du Soleil;
les droites tirées des lieux de la Planete au
Soleil, étant alors plus courtes, afin que les
aires décrites pendant un certain temps ſoient
égales aux aires décrites dans le même temps,
lorſque la Planete étoit plus éloignée du Soleil,
il faut que les Arcs elliptiques parcourus par
la Planete ſoient plus grands.

Toutes les Planetes que nous connoiſſons
ſuivent cette loi; non-ſeulement les Planetes
principales qui font leur révolution autour
du Soleil, mais encore les Planetes ſecondaires
qui font leur révolution autour de quelque
autre Planete, comme la Lune & les Satellites de Jupiter & de Saturne; mais ici les
aires qui ſont proportionnelles au temps, ſont
les aires décrites autour de la Planete principale, qui eſt à l'égard de ſes Satellites, ce qu'eſt
le Soleil à l'égard des Planetes du premier
ordre. Par cette loi, l'Orbite d'une Planete,
& le temps de ſa révolution étant connus,

B iiij

on peut trouver à chaque inſtant le lieu de l'Orbite où la Planete ſe trouve.

Une autre loi marque le rapport entre la durée de la révolution de chaque Planete, & ſa diſtance au Soleil; & cette loi n'eſt pas moins exactement obſervée que l'autre. C'eſt que le temps de la révolution de chaque Planete autour du Soleil, eſt proportionnel à la racine quarrée du cube de ſa moyenne diſtance au Soleil.

Cette loi s'étend encore aux Planetes ſecondaires, en obſervant que dans ce cas les révolutions & les diſtances ſe doivent entendre par rapport à la Planete principale, autour de laquelle les autres tournent. Par cette loi, la diſtance de deux Planetes au Soleil, & le temps de la révolution de l'une étant donnés, on peut trouver le temps de la révolution de l'autre; ou le temps de la révolution de deux Planetes, & la diſtance de l'une de ces Planetes au Soleil étant donnés, on peut trouver la diſtance de l'autre.

Ces deux loix poſées, il n'eſt plus ſeulement queſtion d'expliquer pourquoi en général les Planetes tournent autour du Soleil; il faut expliquer encore pourquoi elles obſervent ces loix; ou du moins il faut que l'explication qu'on donne de leur mouvement ne ſoit pas démentie par ces loix.

Puifque les diſtances des Planetes au Soleil, & les temps de leurs révolutions ſont différents; la matiere du Tourbillon n'a pas par-tout la même denſité, & le temps de ſa révolution n'eſt pas le même par-tout.

De ce que chaque Planete décrit autour du Soleil des aires proportionnelles aux temps, il ſuit que les vîteſſes des couches de la matiére du Tourbillon ſont réciproquement proportionnelles aux diſtances de ces couches au centre.

Mais de ce que les temps des révolutions des différentes Planetes ſont proportionnels aux racines quarrées des cubes de leurs diſtances au Soleil, il ſuit que les vîteſſes des couches ſont réciproquement proportionnelles aux racines quarrées de leurs diſtances.

Si l'on veut donc aſſûrer une de ces loix aux Planetes, l'autre devient néceſſairement incompatible. Si l'on veut que les couches du Tourbillon ayent les vîteſſes néceſſaires pour que chaque Planete décrive autour du Soleil des aires proportionelles aux temps; il s'enſuivra par exemple, que Saturne devroit faire ſa révolution en 90 ans, ce qui eſt fort contraire à l'expérience.

Si au contraire, on veut conſerver aux couches du Tourbillon, les vîteſſes néceſſaires, pour que les temps des révolutions foient proportionnels aux racines quarrées des cubes des diftances; l'on verra les aires décrites autour du Soleil par les Planetes, ne plus fuivre la proportion des temps.

Je ne parle point ici des objections qu'on a faites contre les Tourbillons qui ne paroiffent pas invincibles. Je ne dis rien de celle que M. Newton avoit faite, en fuppofant, comme fait M. Defcartes, que le Tourbillon reçoive fon mouvement du Soleil, qui tournant fur fon axe, communiqueroit ce mouvement de couche en couche, jufqu'aux confins du Tourbillon : M. Newton avoit cherché par les loix de la Méchanique, les vîteffes des différentes couches du Tourbillon; & il les trouvoit fort différentes de celles qui font néceffaires pour la regle de Képler, qui regarde le rapport entre les temps périodiques des Planetes, & leurs diftances au Soleil. M. Bernoulli dans la belle Differtation qui remporta le Prix de l'Académie en 1730, a fait voir que M. Newton n'avoit pas fait attention à plufieurs circonftances qui changent le calcul. Il eft vrai qu'en faifant cette attention, on ne trouve pas encore les vîteffes des couches, telles qu'elles devroient être pour l'obfervation de cette loi, mais elles en approchent davantage.

Mais enfin de quelque cauſe que vienne le mouvement du Tourbillon, l'on pourra bien accorder les vîteſſes des couches avec une des loix dont nous avons parlé; mais jamais avec l'une & l'autre en même temps. Cependant ces deux loix ſont auſſi inviolables l'une que l'autre.

Les gens les plus éclairés ont cherché des remedes à cela. M. Leibnitz a été réduit à dire * qu'il falloit que par tout l'Orbe que dé-crit chaque Planete, il y eût une circulation, qu'il appelle *harmonique*, c'eſt-à-dire, une cer-taine loi de vîteſſe propre à faire ſuivre aux Pla-netes celle des deux loix qui regarde la propor-tion entre les aires & les temps; & qu'il falloit en même temps que par toute l'étendüe du Tourbillon, il ſe trouvât une autre loi différente pour faire ſuivre aux Planetes la loi qui regarde la proportion entre leurs temps périodiques & leurs diſtances au Soleil. Voilà tout ce qu'a pû dire un des plus grands hommes du ſiécle pour la défenſe des Tourbillons.

M. Bulffinger, dans la Diſſertation qui rem-porta le Prix en 1728, reconnoît & démontre encore mieux la néceſſité de ces différentes loix dans le fluide qui entraîne les Planetes. Mais il n'eſt pas facile d'admettre ces différentes

---

* *Voyés Act. erud. 1689. p. 82. & 1706. p. 446.*

couches fphériques fe mouvant avec des vîteſſes indépendantes & interrompües.

Il y a encore contre ce Syſteme une objection qui n'eſt guéres moins forte. Les différentes couches du Tourbillon ont à peu-près les mêmes denſités que les Planetes qu'elles portent, puiſque chaque Planete fe foûtient dans la couche où elle fe trouve; & ces couches fe meuvent avec des vîteſſes fort rapides. Cependant nous voyons les Cometes traverſer ces couches fans recevoir d'altération fenſible dans leur mouvement. Les Cometes elles-mêmes feroient auſſi apparemment entraînées par des fluides qui circuleroient à travers les fluides qui portent les Planetes, fans fe confondre, ni altérer leur cours.

Paſſons à l'explication de la Peſanteur dans le Syſteme des Tourbillons.

CHAPITRE IV.

Explication de la peſanteur des Corps vers la Terre, par les Tourbillons.

TOus les Corps tombent, lorſqu'ils ne ſont pas foûtenus, & tendent à s'approcher du centre de la Terre.

M. Deſcartes, pour expliquer ce phénomene, suppofe un Tourbillon d'une matiére fluide qui circule extrémement vîte autour de la Terre dans la direction de l'Equateur. On fçait que lorfqu'un corps décrit un cercle, il tend à s'éloigner du centre; toutes les parties de ce fluide, ont donc chacune cette force centrifuge, qui tend à les éloigner du centre du cercle qu'elles décrivent. Si donc alors elles rencontrent quelque corps qui n'ait point, ou qui ait moins de cette force centrifuge, il faudra qu'il cede à leur effort; & les parties du fluide ayant toûjours plus de force centrifuge que le corps, prendront fucceffivement fa place, jufqu'à ce qu'elles l'ayent chaffé au centre.

Cette explication générale de la Pefanteur, fe trouve encore expofée à de grandes difficultés, dont nous ne rapporterons que les principales.

M. Huygens objecte.

1.° Que fi le mouvement d'un pareil Tourbillon étoit affés rapide pour chaffer les corps vers le centre avec tant de force, il devroit faire éprouver aux mêmes corps quelqu'impulfion horifontale, ou plûtôt entraîner tout dans le fens de fa direction.

2.° Qu'en attribuant la caufe de la pefanteur à un Tourbillon qui fe meut parallelement à l'Equateur, les corps ne feroient

point chaſſés vers le centre de la Terre ,
mais devroient tomber perpendiculairement
à l'axe. La chûte des corps étant l'effet de
la force centrifuge de la matiére du Tourbillon, & cette force tendant à éloigner cette
matiére du centre de chaque cercle qu'elle
décrit, elle devroit dans chaque lieu chaſſer
les corps vers le centre de ce cercle; & les
corps, au lieu de tendre vers le centre de la
Terre, tomberoient perpendiculairement à
l'axe. Or ni l'un ni l'autre de ces deux effets
n'arrive. On remarque par-tout que la chûte
des corps n'eſt accompagnée d'aucune devia-
tion; & que les corps tombent perpendiculairement à la ſurface de la Terre.

C'eſt le fort du Syſteme de M. Deſcartes,
de trouver toûjours d'habiles défenſeurs. M.
Saurin a répondu fort ingénieuſement à ces
deux difficultés *.

Voyons les remedes que M. Huygens apporte aux inconvéniens qu'il trouve dans le
Syſteme de M. Deſcartes. Au lieu de faire
mouvoir la matiére éthérée toute enſemble
autour des mêmes pôles, il ſuppoſe qu'elle
ſe meut en tout ſens dans l'eſpace ſphérique

* Voyés le ſecond Journal des Sçav. 1703. & les Memoir. de
l'Acad. 1709. page 131. & ce qui a été dit depuis, Comment.
Academ. Scient. Imp. Petrop. tome 1. page 245. & tome 2.
page 318.

qui la contient. Ces mouvements se contra-
riant les uns les autres, jusqu'à ce qu'ils soient
devenus circulaires, la matiére éthérée viendra
enfin à se mouvoir dans des surfaces sphériques
dans toutes les directions.

Cette hypothese une fois posée, délivre le
Tourbillon des deux objections qu'on lui faisoit.

1.° La matiére éthérée qui cause la pesanteur, circulant dans toutes les directions, elle
ne doit pas entraîner les corps horisontalement
comme le Tourbillon de M. Descartes; parce
que l'impulsion horisontale qu'ils reçoivent de
chaque filet de cette matiére est détruite par
une impulsion opposée.

2.° L'on voit que les corps doivent tomber vers le centre de la Terre, parce que la
matiére éthérée qui circule dans chaque superficie sphérique, les chassant vers l'axe de cette
superficie, ils doivent tomber vers l'intersec-
tion de tous ces axes qui est le centre de la
Terre.

Ce Systeme satisfait mieux aux phénomenes
de la pesanteur, que ne fait celui de M. Descartes; mais il faut avoüer aussi qu'il est bien
éloigné de sa simplicité. Il n'est pas facile de
concevoir ces mouvements circulaires de la
matiére éthérée dans toutes les directions; &
ceux-mêmes qui veulent tout expliquer par

l'impulfion de la matiére éthérée, n'ont pas été contents de ce que M. Huygens a fait pour la foûtenir.

M. Bulffinger ne pouvant admettre ce mouvement en tout fens, a propofé un troi-fiéme Syfteme.

Il prétend que la matiére éthérée fe meut en même temps autour de deux axes perpen-diculaires l'un à l'autre; mais quoiqu'un pareil mouvement foit déja affés difficile à fuppofer, il fuppofe encore deux nouveaux mouvements dans la matiére éthérée, oppofés aux deux premiers. Voilà donc quatre Tourbillons op-pofés deux à deux, qui fe traverfent fans fe détruire.

C'eft ainfi que dans le Syfteme des Tour-billons, on rend raifon des deux principaux Phénomenes de la Nature.

Qu'une matiére fluide qui circule, entraîne les Planetes autour du Soleil. Que dans le Tourbillon particulier de chaque Planete, un pareil mouvement de matiére chaffe les corps vers le centre. Ce font-là des idées qui fe préfentent affés naturellement à l'Efprit.

Mais la Nature mieux examinée, ne permet pas de s'en tenir à ces premiéres vûës. Ceux qui veulent entrer dans quelque détail, font obligés d'admettre dans le Tourbillon folaire,

l'interruption

l'interruption des mouvements des différentes couches dont nous avons parlé ; & dans le Tourbillon terreſtre, tous ces différents mouvements oppoſés les uns aux autres de la matiére éthérée. Ce n'eſt qu'à ces fâcheuſes conditions, qu'on peut expliquer les phénomenes par le moyen des Tourbillons.

Ces embarras ont fait dire à l'Auteur * que nous avons déja cité pluſieurs fois, que malgré tout ce qu'il faiſoit pour défendre les Tourbillons, ceux qui refuſent de les admettre, s'affermiroient peut être dans leur refus par la maniére dont il les défendoit.

Il faut avoüer que juſqu'ici l'on n'a pû encore accorder, d'une maniére ſatisfaiſante, les Tourbillons avec les Phénomenes. Cependant l'on n'eſt pas pour cela en droit d'en conclurre l'impoſſibilité. Rien n'eſt plus beau que l'idée de M. Deſcartes, qui vouloit que l'on expliquât tout en Phyſique par la matiére & le mouvement ; mais ſi l'on veut conſerver à cette idée ſa beauté, il ne faut pas ſe permettre d'aller ſuppoſer des matiéres & des mouvements, ſans autre raiſon que le beſoin qu'on en a.

Voyons maintenant comment M. Newton rend raiſon du mouvement des Planetes & de la Peſanteur.

* M. Bulffinger.

C

CHAPITRE V.

Explication des mêmes Phénomenes dans le Systeme de M. Newton.

M. NEWTON commence par démontrer, que si un corps qui se meut est attiré vers un centre immobile, ou mobile, il décrira autour de ce centre des Aires proportionnelles aux temps; & réciproquement, que si un corps décrit autour d'un centre immobile, ou mobile, des Aires proportionnelles aux temps, il est attiré vers ce centre.

Ceci démontré par les raisonnements de la plus sûre Géométrie, il l'applique aux Planetes qu'il considére se mouvoir dans le vuide, ou dans des espaces si peu remplis de matiére, qu'elle n'apporte aucune résistance sensible aux corps qui s'y meuvent. Les Observations apprenant que toutes les Planetes du premier ordre autour du Soleil, & tous les Satellites autour de leur Planete principale, décrivent des aires proportionnelles aux temps, il conclut que les Planetes sont attirées vers le Soleil, & les Satellites vers leur Planete.

Quelle que soit la loi de cette force qui attire les Planetes, c'est-à-dire, de quelque

maniére qu'elle croiſſe ou diminuë, ſelon la
diſtance où ſont les Planetes, il ſuffit en général qu'elles ſoient attirées vers un centre,
pour que les aires qu'elles décrivent autour,
ſuivent la proportion des temps. L'on ne
connoît donc point encore par cette proportion obſervée, la loi de la force centrale.

Mais ſi l'une des analogies de Képler,
(c'eſt ainſi qu'on appelle cette proportionnalité
des aires & des temps) a fait découvrir une
force centrale en général, l'autre analogie fait
connoître la loi de cette force.

Cette autre analogie, comme nous avons
vû ci-deſſus, conſiſte dans le rapport entre
les temps des révolutions des différentes Planetes & leurs diſtances. Les temps des révolutions des différentes Planetes autour du Soleil,
& des Satellites autour de leur Planete, ſont
proportionnels aux racines quarrées des cubes
de leurs diſtances au Soleil, ou à la Planete
principale.

Or cette proportion entre les temps des
révolutions, & les diſtances des Planetes, une
fois connuë, M. Newton cherche quelle doit
être la loi, ſelon laquelle la force centrale croît
ou diminuë, pour que des corps qui ſe meuvent par une même force dans des Orbites
circulaires, ou dans des Orbites fort appro-

chantes, comme font les Planetes, obfervent cette proportion entre leurs diftances & leurs temps périodiques; & la Géométrie démontre facilement que cette autre analogie fuppofe que la force qui attire les Planetes & les Satellites vers le centre, ou plûtôt vers le foyer des courbes qu'elles décrivent, eft reciproquement proportionnelle au quarré de leur diftance à ce centre, c'eft-à-dire, qu'elle diminuë en même proportion que le quarré de la diftance augmente.

Ces deux analogies fi difficiles à concilier dans le Syfteme des Tourbillons, ne fervent ici que de faits qui découvrent, & la force centrale, & la loi de cette force.

Suppofer cette force & fa loi, n'eft plus faire un Syfteme; c'eft découvrir le principe dont les faits obfervés font les conféquences néceffaires. On n'établit point la pefanteur vers le Soleil, pour expliquer le cours des Planetes; le cours des Planetes nous apprend qu'il y a une pefanteur vers le Soleil, & quelle eft fa loi. Voyons maintenant quel ufage M. Newton va faire du principe qu'il vient de découvrir.

Aidé de la plus fublime Géométrie, il va chercher la courbe que doit décrire un corps, qui avec un mouvement rectiligne d'abord, eſt attiré vers un centre par une force dont la loi eſt celle qu'il a découverte.

La Solution de ce beau Probleme, lui apprend que le corps décrira néceſſairement quelqu'une des Sections coniques ; & que ſi la route que trace ce corps, rentre en elle-même, comme il arrive aux Orbites des Planetes, cette courbe ſera une Ellipſe dans le foyer de laquelle réſidera la force centrale.

Si M. Newton a dû aux deux premiéres analogies, la découverte de l'attraction & de ſa loi, il en voit ici la confirmation par de nouveaux phénomenes. Toutes les obſervations font voir que les Planetes ſe meuvent dans des Ellipſes, dont le Soleil occupe le foyer.

Les Cometes ſi embarraſſantes dans le Syſteme des Tourbillons, donnent une nouvelle confirmation du Syſteme de M. Newton.

M. Newton ayant trouvé que les corps qui ſe meuvent autour du Soleil, tendent vers lui, ſuivant une certaine loi, & doivent ſe mouvoir dans quelque Section conique, comme il arrive en effet aux Planetes, dont les Orbites ſont des Ellipſes, conſidére les Cometes comme des Planetes qui ſe meuvent par la même loi, dont les Orbites ſont des Ellipſes, mais ſi allongées qu'on les peut prendre, ſans erreur ſenſible, pour des paraboles.

Il ne s'en tient pas à cette confidération, qui déja prévient affés en fa faveur, il lui faut quelque chofe de plus exact. Il faut voir fi l'Orbite d'une Comete, déterminée par quelques points donnés dans les premiéres Obfervations, & par l'attraction vers le Soleil, quadrera avec la trace que la Comete décrit réellement dans le refte de fon cours. Il a calculé ainfi, lui & le fçavant Aftronome M. Halley, les Orbites des Cometes, dont les Obfervations nous ont mis en état de faire cette comparaifon ; & l'on ne fçauroit voir fans admiration que les Cometes fe font trouvées aux points de leurs Orbites ainfi déterminés, prefqu'avec autant d'exactitude, que les Planetes fe trouvent aux lieux de leurs Orbites déterminés par les Tables ordinaires.

Il ne paroît plus manquer à cette Théorie qu'une fuite affés longue d'Obfervations, pour nous mettre en état de reconnoître chaque Comete, & de pouvoir annoncer fon retour, comme nous faifons le retour des Planetes aux mêmes points du Ciel. Mais des Aftres, dont les révolutions, felon toutes les apparences, durent plufieurs fiécles, ne paroiffent guéres faits pour être obfervés par des Hommes dont la vie eft fi courte.

Voilà, quant au cours des Planetes & des

Cometes; tous les Phénomenes expliqués par un seul principe. Les phénomenes de la pesanteur des corps ne dépendroient-ils point encore de ce principe?

Les corps tombent vers le centre de la Terre ; c'est l'attraction que la Terre exerce sur eux qui les y fait tomber. Cette explication est trop vague.

Si la quantité de la force attractive de la Terre, étoit connüe par quelque autre phénomene que celui de la chûte des corps, l'on pourroit voir si la chûte des corps, circonstanciée comme on sçait qu'elle l'est, est l'effet de cette même force.

Nous avons vû que comme l'attraction que le Soleil exerce sur les Planetes, fait mouvoir les Planetes autour de lui, de même l'attraction que les Planetes qui ont des Satellites exercent sur eux, les fait mouvoir autour d'elles; la Lune est Satellite de la Terre, c'est donc l'attraction de la Terre qui fait mouvoir la Lune autour d'elle.

L'Orbite de la Lune & le temps de sa révolution autour de la Terre sont connus ; on peut par-là connoître l'espace que la force qui attire la Lune vers la Terre, lui feroit parcourir dans un temps donné, si la Lune venant à perdre son mouvement, tomboit vers la Terre en ligne droite avec cette force.

La moyenne diſtance de la Lune à la Terre étant d'environ 60 demi-diametres de la Terre, l'on trouve, par un calcul facile, que l'attraction que la Terre exerce ſur la Lune, dans la région où elle eſt, lui feroit parcourir environ 15 pieds dans une minute.

Mais l'attraction croiſſant dans le même rapport que le quarré de la diſtance diminüe; ſi la Lune ou quelque autre corps, ſe trouvoient placés près de la ſuperficie de la Terre, c'eſt-à-dire, 60 fois plus près de la Terre que n'eſt la Lune, l'attraction de la Terre ſeroit 3600 fois plus grande ; & elle feroit parcourir au corps qu'elle attireroit, environ 3600 fois 15 pieds dans une minute; parce que les corps, dans le commencement de leur mouvement, parcourent des eſpaces proportionnels aux forces qui les font mouvoir.

Or on ſçait, par les expériences de M. Huygens, l'eſpace que parcourt un corps animé par la ſeule peſanteur, vers la ſurface de la Terre ; & cet eſpace ſe trouve préciſément celui que doit faire parcourir la force qui retient la Lune dans ſon Orbite, augmentée comme elle doit être vers la ſurface de la Terre.

La chûte des corps vers la Terre eſt donc un effet de cette même force ; d'où l'on voit que la peſanteur des corps, plus éloignés du

centre de la Terre, eſt moindre que la peſanteur de ceux qui ſont plus proches : quoique
les plus grandes diſtances, où nous puiſſions
faire des expériences, ſoient trop peu conſi-
dérables pour nous rendre ſenſible cette diffé-
rence de peſanteur.

Des expériences particuliéres ont appris,
qu'à la même diſtance du centre de la Terre,
les poids des différents corps qui réſultent de
cette attraction, ſont proportionnels à leurs
quantités de matiére.

Cette force qui attire les corps vers la Terre
agit donc proportionnellement ſur toutes les
parties de la matiére.

Or l'attraction eſt toûjours mutuelle ; un
corps ne ſçauroit en attirer un autre, qu'il ne
ſoit attiré également vers cet autre. Si l'attraction que la Terre exerce ſur chaque partie de
la matiére eſt égale, chaque partie de la matiére a auſſi une attraction égale qu'elle exerce
à ſon tour ſur la Terre ; & un Atome ne
tombe point vers la Terre, que la Terre ne
s'éleve un peu vers lui.

C'eſt ainſi que le cours des Planetes &
toutes ſes circonſtances s'expliquent par le
principe de l'attraction, mais encore la peſanteur des corps n'eſt qu'une ſuite du même
principe.

Je ne parle point ici d'irrégularités si peu considérables, qu'on les peut négliger sans erreur, ou expliquer par le principe.

On regarde le Soleil, par exemple, comme immobile au foyer des Ellipses que décrivent les Planetes ; cependant il n'est point absolument immobile, l'attraction entre deux corps étant toûjours mutuelle, le Soleil ne sçauroit attirer les Planetes qu'il n'en soit attiré. Si l'on parle donc à la rigueur, le Soleil change continuellement de place selon les différentes situations des Planetes. Ce n'est donc proprement que le centre de gravité du Soleil & de toutes les Planetes qui est immobile ; mais l'énormité du Soleil par rapport aux Planetes, est telle, que quand elles se trouveroient toutes du même côté, la distance du centre du Soleil au centre commun de gravité, qui est alors la plus grande qu'elle puisse être, ne seroit que d'un seul de ses diametres.

Il faut entendre la même chose de chaque Planete qui a des Satellites. La Lune, par ex. attire tellement la Terre, que ce n'est plus le centre de la Terre qui décrit une Ellipse au foyer de laquelle est le Soleil, mais cette Ellipse est décrite par le centre commun de gravité de la Terre & de la Lune, tandis que chacune de ces Planetes tourne autour de ce centre de gravité, dans l'espace d'un mois.

L'attraction mutuelle des autres Planetes n'apporte pas à leur cours de changements sensibles ; Mercure, Venus, la Terre & Mars n'ont pas assés de grosseur pour que leur action des unes sur les autres trouble sensiblement leur mouvement. Ce mouvement ne sçauroit être troublé que par Jupiter & Saturne, ou quelques Cometes qui pourroient causer quelque mouvement dans les Aphélies de ces Planetes, mais si lent qu'on le néglige entiérement.

Il n'en est pas de même de l'attraction qui s'exerce entre Jupiter & Saturne ; ces deux puissantes Planetes dérangent leur mouvement réciproquement, lorsqu'elles sont en conjonction ; & ce dérangement est assés considérable pour avoir été observé par les Astronomes.

C'est ainsi que l'attraction & sa loi ayant été une fois établies par le rapport entre les Aires que les Planetes décrivent autour du Soleil & les temps, & par le rapport entre les temps périodiques des Planetes & leurs distances ; les autres phénomenes ne sont plus que des suites nécessaires de cette attraction. Les Planetes doivent décrire les courbes qu'elles décrivent ; les corps doivent tomber vers le centre de la Terre, & leur chûte doit avoir la rapidité qu'elle a ; enfin les mouvements des

Planetes reçoivent jufqu'aux dérangements qui doivent réfulter de cette attraction.

Un des effets de l'attraction, qui eft la chûte des corps, fe fait affés appercevoir; mais cet effet même eft ce qui nous empêche de découvrir l'attraction que les corps exercent entre eux. La force de l'attraction étant proportionnelle à la quantité de matiére des corps, l'attraction de la Terre fur les corps particuliers nous empêche continuellement de voir les effets de leur attraction propre; entraînés tous vers le centre de la Terre par une force immenfe, cette force rend infenfibles leurs attractions particuliéres, comme la tempête rend infenfible le plus leger fouffle *.

Mais fi l'on porte la vûë fur les corps qui peuvent manifefter leur attraction les uns fur les autres, on verra les effets de l'attraction auffi continuellement répétés que ceux de l'impulfion. A tout inftant les mouvements des Planetes la déclarent, pendant que l'impulfion eft un principe que la Nature femble n'employer qu'en petit.

* L'Attraction qu'une Sphere homogene à la Terre d'un pied de diametre exerce fur un Corpufcule près de fa fuperficie, eft 20000000 plus petite que celle que la Terre exerce fur lui. Deux Spheres femblables, placées à la diftance d'un quart de pouce dans le vuide, employeroient un mois à fe joindre. Les Montagnes, même les plus hautes, n'ont fur les corps qu'une action infenfible.

L'attraction n'étant pas moins poſſible dans la nature des choſes que l'impulſion, les phénomenes qui indiquent l'attraction étant auſſi fréquents que ceux qui prouvent l'impulſion, lorſqu'on voit un corps tendre vers un autre, dire que ce n'eſt point qu'il ſoit attiré, mais qu'il y a quelque matiére inviſible qui le pouſſe, c'eſt à peu-près raiſonner comme feroit un partiſan de l'attraction, qui voyant un corps pouſſé par un autre, ſe mouvoir, diroit que ce n'eſt point par l'effet de l'impulſion qu'il ſe meut, mais que quelque corps inviſible l'attire.

C'eſt maintenant au Lecteur à éxaminer ſi l'attraction eſt ſuffiſamment prouvée par les faits, ou ſi elle n'eſt qu'une fiction gratuite dont on peut ſe paſſer.

Pour moi je confeſſe que je ne ſçais ce que c'eſt que cette peſanteur de la matiére ; je ne ſçais pas mieux ce que c'eſt que ſa force impulſive. Si l'on pouvoit faire voir que l'une dépend de l'autre, cela ſimplifieroit aſſûrément les Syſtemes ; mais en attendant, je crois que ſans prononcer ſur les droits que l'une peut avoir ſur l'autre, on peut ſe ſervir des deux.

CHAPITRE VI.

Des différences que la différente nature de la Pesanteur doit apporter à la figure des fluides qui tournent autour d'un Axe.

JE reviens à examiner ce que les différents systemes de la Pesanteur peuvent changer dans l'explication que je fais des Problemes suivants aux Phénomenes de la Nature.

Je détermine dans ces Problemes la figure que doit prendre un amas de matiére homogene & fluide, qui tourne autour d'un axe, ou un torrent d'une telle matiére qui coule autour d'un axe pris hors de lui.

Pour que ces corps parviennent à des figures permanentes, il faut que toutes leurs parties soient dans un équilibre parfait. Or ces parties font animées par deux forces, desquelles doit dépendre cet équilibre; l'une qui est la force centrifuge qu'elles acquérent par leur révolution, tend à les écarter du centre; l'autre qui est la pesanteur, tend à les en approcher. Sur la force centrifuge, il n'y a pas de dispute; elle n'est que cet effort que les corps qui circulent font pour s'écarter du centre de leur circulation; & elle vient de cette force qu'ont les corps pour perséverer dans l'état où ils font une fois ; de repos ou de mouvement. Un corps forcé de fe mouvoir dans quelque courbe, fait un effort continuel pour s'échapper fui-vant la tangente de cette courbe, parce que dans chaque inftant fon état eft de fe mouvoir fuivant les petites droites qui compofent la courbe, & dont les prolongements font les tangentes. La nature de cette force centrifuge, qui eft un des éléments des Solutions fuivantes, & fes effets font donc bien connus ; & l'ufage que j'en fais ici n'eft fujet à aucune difficulté.

Il n'en eft pas ainfi de la pefanteur ; il eft néceffaire de faire voir les changements qu'elle peut apporter aux déterminations fuivantes, felon qu'on la confidérera comme un effet de l'impulfion, ou comme une propriété des corps.

Si l'on attribüe la pefanteur à l'impulfion de quelque matiére qui chaffe les corps vers un centre, comme M.rs Defcartes & Huygens l'ont fait, cette force qui anime les corps à tomber vers le centre, eft indépendante du corps qui peut fe trouver au centre & de fa figure ; quand la Terre, par exemple, ne feroit pas au centre du Tourbillon terreftre, ou qu'elle auroit toute autre figure que celle qu'elle a, les corps ne laifferoient pas de tendre toûjours vers le centre du Tourbillon, & avec la même force qu'ils y tendent. Confidérant donc dans ces Problemes la pesanteur des parties des corps, comme se faisant vers un centre indépendamment de la forme de ces corps, l'on voit que la solution de ces Problemes donnera les vrayes formes que les Corps célestes peuvent avoir, en déterminant la loi suivant laquelle la pesanteur croît ou diminüe par rapport à la distance du centre.

Mais si l'on considere la pesanteur comme une propriété inhérente à la matiére, si les parties de la matiére s'attirent les unes les autres, suivant la loi que M. Newton a établie, & que de-là naisse la pesanteur vers les corps centraux; la pesanteur dépendra de leurs quantités de matiére & de leurs figures.

M. Newton a démontré que les corps sphériques homogenes exercent sur les corps placés au dehors une attraction réciproquement proportionnelle au quarré de leur distance au centre; & que la pesanteur de leurs parties intérieures est proportionnelle à leur distance au centre. Mais dans des corps de formes différentes, la pesanteur ne suit plus ces loix, elle en observe d'autres dépendantes de la figure de ces corps. De-là vient que M. Newton faisant entrer cette considération dans la recherche qu'il a faite de la longueur de l'Axe de la Terre & du diametre de l'Equateur, a

trouvé

trouvé le rapport de 229 à 230, différent de celui de M. Huygens & des nôtres.

Ce qu'on trouvera ici fur les figures des Planetes & des Soleils, ne doit donc pas paffer pour des déterminations éxactes. Mais fi, comme quelques Philofophes le prétendent, ou comme il eft fort poffible, il fe trouve dans ces corps des noyaux d'une matiére beaucoup plus denfe que le refte ; les parties hors du noyau peferont vers fon centre, à peu-près comme pefent les corps vers les Spheres au dehors defquelles ils fe trouvent, & les figures que je détermine approcheront plus des véritables figures. Ceci doit encore plus avoir lieu pour les Atmofpheres des Corps céleftes, la denfité des fluides qui les environnent étant fort peu confidérable par rapport à la leur.

Il en eft de même des Torrents qui circulent autour des Planetes ; leur matiére peut être fi peu denfe par rapport à la matiére des Planetes, que la pefanteur mutuelle des parties de ces Torrents peut être négligée, & confidérée comme nulle par rapport à la pefanteur vers la Planete. Confidérant donc la matiére de ces Torrents comme pefant vers le centre de la Planete en raifon renverfée du quarré de fa diftance, la figure des Anneaux qu'ils forment, approchera fort de la véritable.

D

CHAPITRE VII.

Recherche mathématique des figures que doivent prendre les fluides qui tournent autour d'un Axe.

PROBLEME I.

*T*ROUVER *la figure d'un Sphéroïde fluide qui tourne sur son axe, en supposant que chaque partie du fluide pese vers le centre selon quelque puissance que ce soit de la distance à ce centre !*

SOLUTION.

Soit PQ l'axe de révolution, & $PAQB$ la section du Sphéroïde par l'axe. Puisque les parties du fluide sont en repos entr'elles, chaque colomne pese également vers le centre C; prenant donc une de ces colomnes CD, qui fait avec CP un angle dont le rayon étant $= 1$, le sinus $= h$, je la considere comme composée d'une infinité de petits cylindres Gg; & je cherche le poids de chacun vers C.

La pesanteur absolüe étant donnée en A, $= p$, pour avoir la pesanteur en G, l'on dira $p \cdot p' :: CA^n \cdot CG^n$, d'où l'on tire la pesanteur en G, ou $p' = \frac{p \cdot CG^n}{CA^n}$

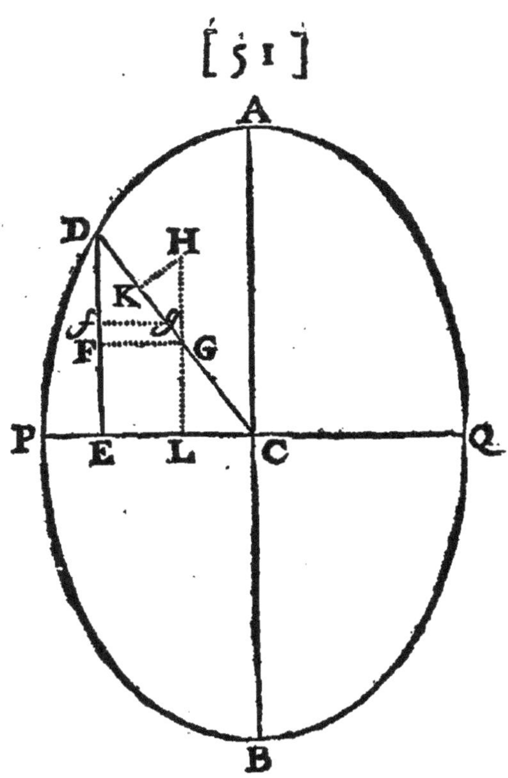

Mais le mouvement de révolution imprimant à chaque partie du fluide une force centrifuge fuivant GH ; & dans les corps qui font leurs révolutions circulaires en mêmes temps ; les forces centrifuges étant comme les rayons des cercles qu'ils décrivent ; fi la force centrifuge en A eft donnée, & $= f$, pour avoir la force centrifuge en G, l'on dira $f . f' :: CA . LG =$ (à caufe de $LG . CG :: h . 1$) $h . CG$; d'où l'on tire la force centrifuge en G, ou $f' = \frac{fh . CG}{CA}$: mais cette force agiffant fuivant GH, ne diminüe la force, fuivant GC,

D ij

que de ce qu'elle agit dans la direction oppo-
fée fuivant GD. Pour trouver donc cette force
fuivant GD, l'on a $GH. GK$, ou $1 . h :: \frac{fh. CG}{CA}$
$. f'' = \frac{fhh. CG}{CA} =$ à la force qui tire le petit
cylindre fuivant GD.

La force qui tire le petit cylindre Gg fuivant
GC, n'eft donc plus que $\frac{p. CG^n}{CA^n} - \frac{fhh. CG}{CA}$;
& le poids du petit cylindre vers C, fera
$\left(\frac{p. CG^n}{CA^n} - \frac{fhh. CG}{CA}\right) Gg$. Le poids de la colomne CG, compofée de ces petits cylindres,
fera donc $\int \left(\frac{p. CG^n}{CA^n} - \frac{fhh. CG}{CA}\right) Gg$, ou
$\frac{p. CG^{n+1}}{(n+1) CA^n} - \frac{fhh. CG^2}{2 CA}$; & le poids de la
colomne entiére CD fera $\frac{p. CD^{n+1}}{(n+1)CA^n} - \frac{fhh. CD^2}{2 CA}$
qui doit être un poids conftant A.

Si donc l'on fait $CA = a$, $CD = r$, l'on
aura $\frac{pr^{n+1}}{(n+1) a^n} - \frac{fhhrr}{2a} = A$; & cette équation ayant lieu, quelle que foit h, il eft clair
qu'en traitant h comme variable, l'équation
donnera en général le rapport entre chaque
rayon CD & le finus de l'angle qu'il forme
avec l'axe PQ, & donnera par conféquent
tous les points de la courbe.

Il faut maintenant déterminer la quantité

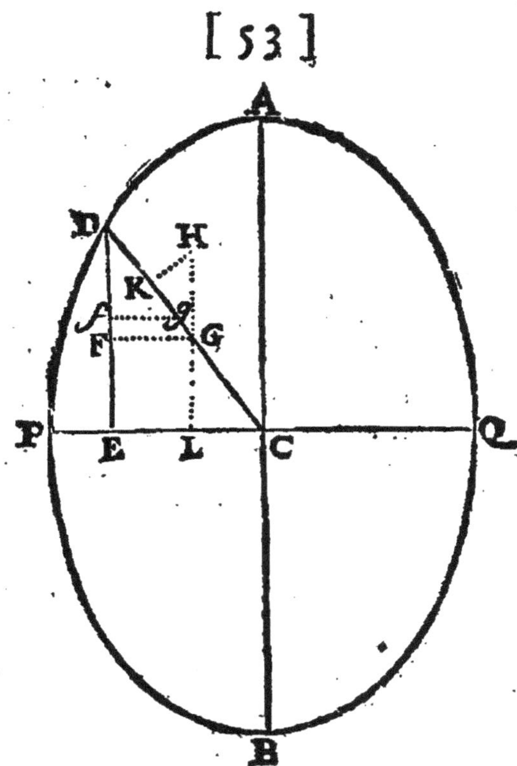

conſtante A. Afin que l'équation précédente appartienne à la ſection du Sphéroïde, dont le demi-axe $CA = a$, il faut que lorſque l'angle DCP eſt droit, ou lorſque $h = 1$, r ſoit $= a$; l'on a donc alors $\frac{p a^{n+1}}{(n+1) a^{n}} - \frac{f a a}{2 a} = A$, ou $A = \left(\frac{2p - nf - f}{2(n+1)}\right) a$.

Ainſi l'équation corrigée ſera $\frac{p r^{n+1}}{(n+1) a^{n}} - \frac{f h h r r}{2 a} = \left(\frac{2p - nf - f}{2(n+1)}\right) a$, ou $2 p r^{n+1} - (n+1) f h h a^{n-1} r r = (2p - nf - f) a^{n+1}$. Cette équation détermine les ſections de tous les Sphéroïdes, quelle que ſoit la puiſſance de la diſtance ſelon laquelle ſe fait la peſanteur, excepté la ſeule hypotheſe d'une peſanteur qui ſeroit réciproquement proportionnelle à la diſtance au centre. Dans ce cas il faut recourir à $\int \left(\frac{p.CG^2}{CA^2} - \frac{fhh.CG}{CA} \right) Gg$, qui devient alors $\int \left(\frac{p.CA}{CG} - \frac{fhh.CG}{CA} \right) Gg$, qui n'eſt plus intégrable que par logarithmes. L'intégrant donc, l'on a $p.CA.lCG - \frac{fhh.CG^2}{2CA}$; ou pour le poids de la colomne entiére, $palr - \frac{fhhrr}{2a} = A$.

Pour corriger cette équation ; il faut que lorſque $h = 1$, $r = a$; l'on a donc alors $pala - \frac{fa}{2} = A$; & l'équation corrigée eſt $palr - \frac{fhhrr}{2a} = pala - \frac{fa}{2}$; ou $2pal\left(\frac{r}{a}\right) = \frac{fhhrr}{a} - fa$; ou, en paſſant aux nombres, & prenant c pour le nombre dont le logarith. $= 1$, l'on a $r = ac^{\left(\frac{fhhrr}{2paa} - \frac{f}{2p}\right)}$.

L'on voit que les méridiens des Sphéroïdes ſont toûjours des courbes algébriques, excepté dans cette ſeule hypotheſe.

Si l'on veut avoir l'équation de toutes ces courbes à la maniére ordinaire, par rapport à des coordonnées rectangles, on la peut avoir

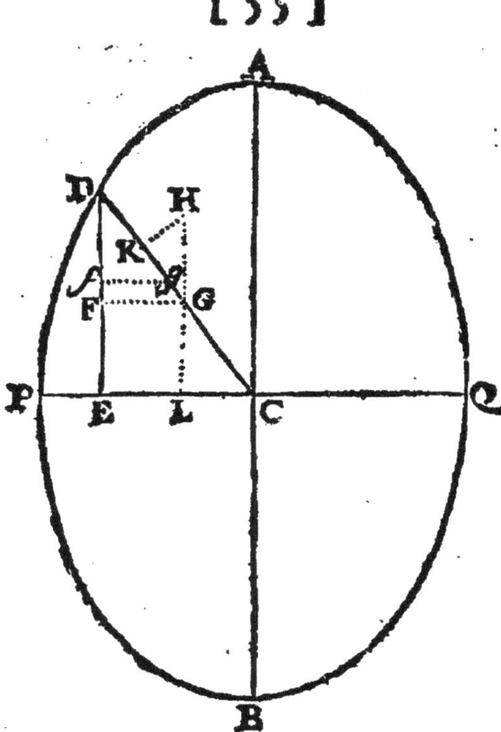

facilement. Car faifant $CE = x$ & $DE = y$, l'on aura $rr = xx + yy$, & $hr = y$. Chaffant donc h & r de l'équation générale, l'on trouvera $2p (xx + yy)^{\frac{n+1}{2}} - (n+1) f a^{n-1} yy = (2p - nf - f) a^{n+1}$. Et pour le cas $n = -1$, $xx + yy = aac^{\left(\frac{fyy}{paa} - \frac{f}{p}\right)}$.

Mais nôtre premiére maniére de déterminer les courbes, par les rayons & les angles, eft ici autant, ou plus commode que celle qui les détermine par les coordonnées.

Quoiqu'on traite h comme variable, elle ne

varie cependant qu'entre certaines limites, &
ces limites font o & 1 ; l'équation radiale ne
détermine donc que l'arc de la courbe, dont
l'amplitude eſt un angle droit : mais ces courbes étant compoſées de quatre arcs ſemblables
& égaux, elles font entiérement déterminées
par nôtre équation.

On peut maintenant déterminer facilement
le rapport des deux axes de la Section, dans
quelque hypotheſe que ce ſoit.

L'équation générale étant $2 p r^{n+1} - (n+1) f h h a^{n-1} r r = (2p - nf - f) a^{n+1}$; pour trouver r lorſque $h = 0$, l'on a $2 p r^{n+1} = (2p - nf - f) a^{n+1}$. D'où l'on tire $CA : CP :: (2p)^{\frac{1}{n+1}} . (2p - nf - f)^{\frac{1}{n+1}}$.

Et dans l'hypotheſe d'une peſanteur en
raiſon inverſe de la ſimple diſtance, l'on a
$l\left(\frac{r}{a}\right) = -\frac{f}{2p}$. D'où l'on tire $l CA - l CP = \frac{f}{2p}$.

L'on voit que n étant un nombre poſitif,
entier ou rompu, c'eſt-à-dire, dans toutes les
hypotheſes de peſanteur en raiſon directe de
quelque puiſſance que ce ſoit de la diſtance, le
diametre de l'Equateur ſera toûjours plus grand
que l'axe de révolution. Mais ſi n eſt un
nombre négatif, c'eſt-à-dire, ſi la peſanteur ſe

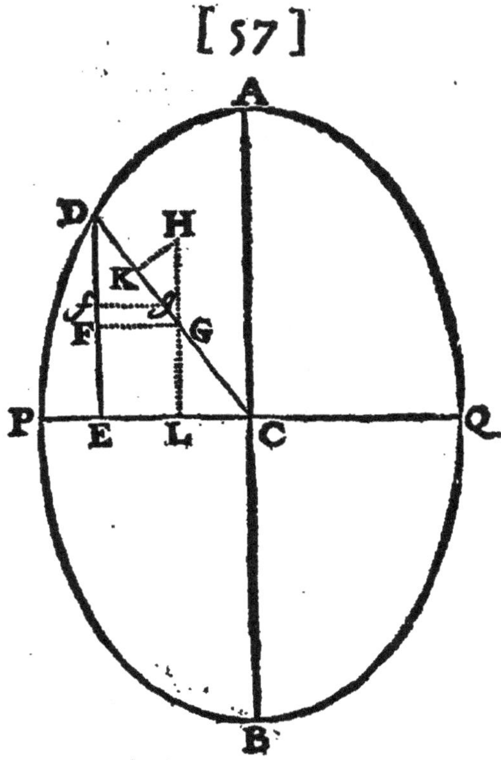

fait en raison inverſe de quelque puiſſance de la diſtance; l'on aura $CA . CP :: (2p)^{\frac{1}{-n+1}}$ $. (2p + nf - f)^{\frac{1}{-n+1}}$; maintenant ſi $n < 1$, ſoit $k = 1 - n$, & l'on aura $CA . CP$ $:: 2p^{\frac{1}{k}} . (2p - kf)^{\frac{1}{k}}$; & ſi $n > 1$, ſoit $n - 1 = k$, & l'on aura $CA . CP :: (2p)^{\frac{1}{-k}}$ $. (2p + kf)^{\frac{1}{-k}}$, ou $CA . CP :: (2p + kf)^{\frac{1}{k}}$ $. (2p)^{\frac{1}{k}}$. Nous avons vû de plus que n étant

$= -1$; l'on a $l(\frac{CA}{CP}) = \frac{f}{2p}$. D'où l'on voit qu'il n'y a aucune hypothese dans laquelle le Sphéroïde ne soit applati vers les Poles.

S C H O L I E.

La figure des Sphéroïdes dépend, comme l'on voit, du rapport de la force centrifuge à la pesanteur. Voyons maintenant à quel point ce rapport peut varier dans quelques hypotheses de pesanteur, & quelles figures en résulteroient dans les Sphéroïdes.

Si l'on suppose la pesanteur uniforme; n étant $= 0$, l'on a $CA . CP :: 2p . 2p - f$. Sur nôtre Terre, la force de la pesanteur est 289 fois plus grande que la force centrifuge sous l'Equateur; si donc on cherche le rapport du diametre de l'Equateur terrestre à l'axe de révolution, dans cette hypothese d'une pesanteur uniforme, mettant 289 pour p & 1 pour f, l'on aura $CA . CP :: 578 . 577$.

La force centrifuge pourroit être égale à la pesanteur; ce qui arriveroit si la Terre tournoit sur son axe environ 17 fois plus vîte qu'elle ne fait; & alors on auroit $CA . CP :: 2p . p :: 2 . 1$. La force centrifuge ne sçauroit être plus grande sans que les parties de la Terre se dissipassent; & si le mouvement de

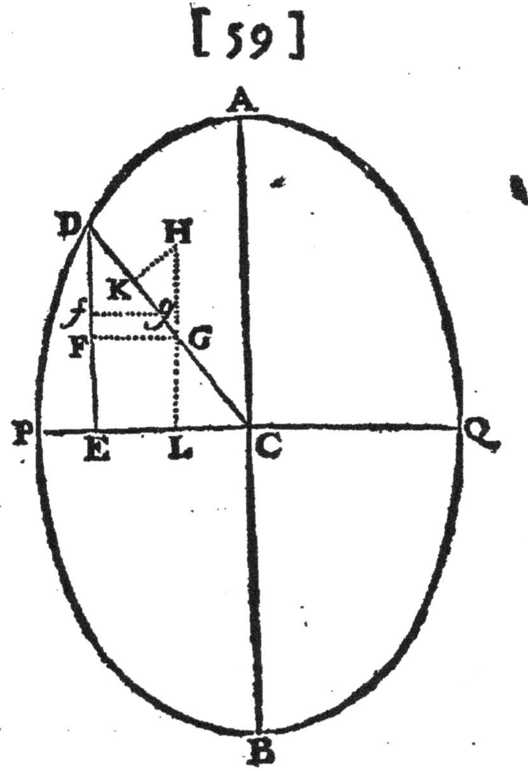

révolution s'accéléroit toûjours, la Terre enfin
feroit réduite à un feul Atome placé au centre.
D'où l'on voit que dans cette hypothefe d'une
pefanteur uniforme, la figure la plus applatie
que le Sphéroïde puiffe recevoir, ne fçauroit
aller qu'à rendre le diametre de fon équateur
double de fon axe de révolution. Dans ce
cas, la Terre feroit compofée de deux Parabo-
loïdes, comme M. Huygens a trouvé dans
fon Traité de la Pefanteur, page 157, pour
cette hypothefe particuliére, qui eft la feule
qu'il ait examinée.

Cependant cette hypothese, qui est la plus simple, ne doit pas être regardée comme l'unique. M. Herman, dans la recherche qu'il a faite de la Figure de la Terre, a suivi celle d'une pesanteur proportionnelle à la distance au centre *. Voyons ce qui peut arriver dans cette hypothese, & quelle forme elle peut donner aux Sphéroïdes.

L'on a alors (n étant $= 1$) $CA . CP :: \sqrt{2p} : \sqrt{(2p - 2f)} :: \sqrt{p} . \sqrt{(p - f)}$; & si la force centrifuge devenoit égale à la pesanteur, le diametre de l'Equateur deviendroit infiniment plus grand que l'axe de révolution ; c'est-à-dire, que le Sphéroïde ne seroit alors qu'un plan circulaire. Dans cette hypothese la force centrifuge pouvant être dans tous les rapports avec la force de la pesanteur, depuis o jusqu'à l'égalité, le diametre de l'Equateur peut être dans tous ces rapports à l'axe de révolution. Et le Sphéroïde, qui dans cette hypothese est un Ellipsoïde, peut être tous les Ellipsoïdes depuis la Sphere jusqu'à l'Ellipsoïde le plus applati, qui ne seroit plus qu'un plan circulaire. Mais dans cette hypothese encore, la force centrifuge ne sçauroit être plus grande que la pesanteur.

Si l'on suppose la pesanteur en raison inverse

* *Phoron. p. 366.*

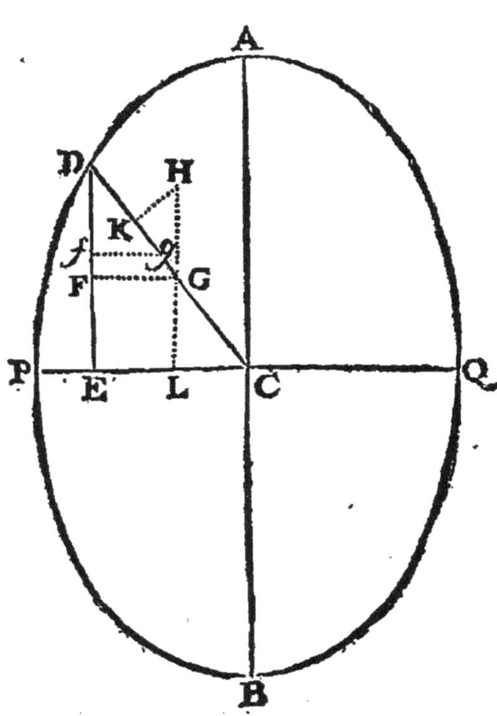

du quarré de la diftance au centre ; comme
M. Newton a trouvé que les Planetes l'exercent fur les corps qui font hors de leur folidité,
l'on a $n = -2$; & $CA . CP :: (2p)^{-1}$
. $(2p+f)^{-1}$; ou $CA . CP :: 2p+f . 2p$.
D'où l'on voit que le Sphéroïde qui s'applatit
toûjours d'autant plus que la force centrifuge
devient plus grande, fera cependant le plus
applati qu'il puiffe être, lorfque le diametre
de fon Équateur fera à fon axe de révolution,
comme 3 à 2.

PROBLEME II.

UN torrent de matiére fluide circulant autour d'un axe hors du torrent, par une force centripete proportionnelle à une puiſſance quelconque m de la diſtance au centre pris ſur l'axe ; & dans chaque ſection perpendiculaire à la révolution, la peſanteur réſultante des parties du fluide vers un centre pris dans cette ſection étant proportionnelle à une puiſſance quelconque n de la diſtance à ce centre ; déterminer la figure du Torrent !

SOLUTION.

Soit $ADPadQA$ la ſection du Torrent qui tourne autour de l'axe $\Lambda\lambda$, faite par un plan perpendiculaire à la révolution qui paſſe par le centre γ. Soit γ le centre des forces centripetes pris au dehors du Torrent, & C le centre vers lequel ſe fait l'attraction réſultante des parties du fluide pris dans la ſection.

Afin que les parties du fluide demeurent en équilibre, il faut que le poids de chaque colonne CD, tant celui qui réſulte de la peſanteur vers γ & vers C, que de la force centrifuge, ſoit par-tout le même.

Soit donc la peſanteur abſoluë en A vers γ donnée, & $= \pi$; la peſanteur en A vers C donnée auſſi, & $= p$; & la force centrifuge

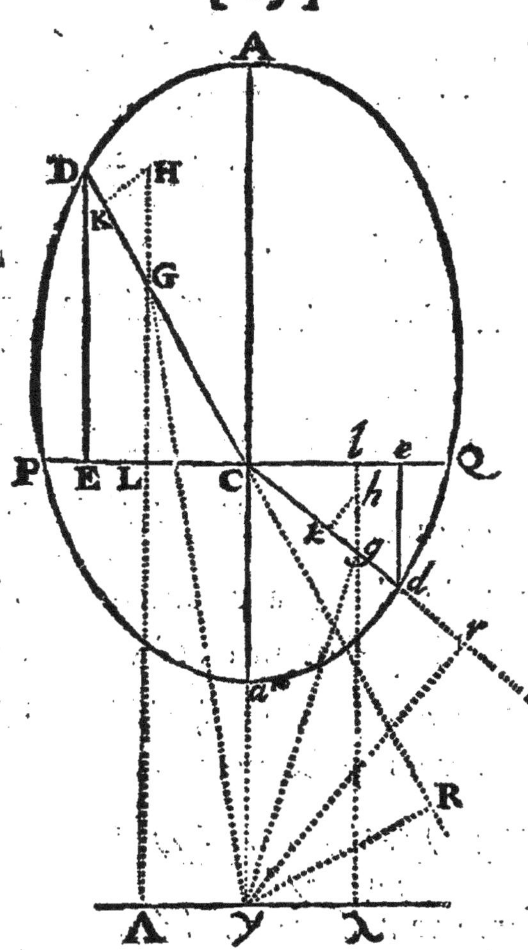

en *A* donnée, & $= f$. Soit $AC = a$, $C\gamma = b$, $CG = r$; le sinus de l'angle $DCP = h$, le rayon étant $= 1$; l'on aura $GL = hr$; & ayant tiré de γ la droite γR perpendiculaire sur le rayon CD prolongé, l'on aura $CR = hb$, & $\gamma G = \sqrt{(bb + 2bhr + rr)}$.

Maintenant la pesanteur en *A* vers γ

étant $= \pi$; faisant $\pi \cdot \pi' :: (a + b)^m$ $\cdot (bb + 2bhr + rr)^{\frac{1}{2}m}$, l'on aura la pesanteur en G, ou $\pi' = \dfrac{\pi(bb + 2bhr + rr)^{\frac{1}{2}m}}{(a+b)^m}$; & pour avoir la force qui en résulte vers C, l'on dira

$\pi' \cdot \pi'' :: G\gamma \cdot GR$, ou $\dfrac{\pi(bb + 2bhr + rr)^{\frac{1}{2}m}}{(a+b)^m}$ $\cdot \pi'' :: (bb + 2bhr + rr)^{\frac{1}{2}} \cdot bh + r$; d'où l'on aura la force vers C résultante de la pesanteur vers γ, ou $\pi'' = \dfrac{\pi(bh + r)(bb + 2bhr + rr)^{\frac{m-1}{2}}}{(a+b)^m}$.

L'on a de plus (la pesanteur en A vers C étant $= p$) la pesanteur en G vers C, $= \dfrac{pr^n}{a^n}$; la pesanteur entière vers C, résultante des deux pesanteurs vers γ & vers C, sera donc $=$

$$= \dfrac{\pi(bh + r)(bb + 2bhr + rr)^{\frac{m-1}{2}}}{(a+b)^m} + \dfrac{pr^n}{a^n};$$

La force centrifuge en A étant $= f$; si l'on fait $f \cdot f' :: a + b \cdot b + hr$, l'on aura la force centrifuge en G ou $f' = \dfrac{f(b + hr)}{a+b}$; & pour trouver la partie de cette force qui tire vers D, l'on dira $f' \cdot f'' :: GH \cdot GK$, ou $\dfrac{f(b + hr)}{a+b} \cdot f'' :: 1 \cdot h$; d'où l'on tire pour la force opposée à la pesanteur vers C, $f'' =$ $$= \dfrac{fh(b + hr)}{a+b}.$$

L'on

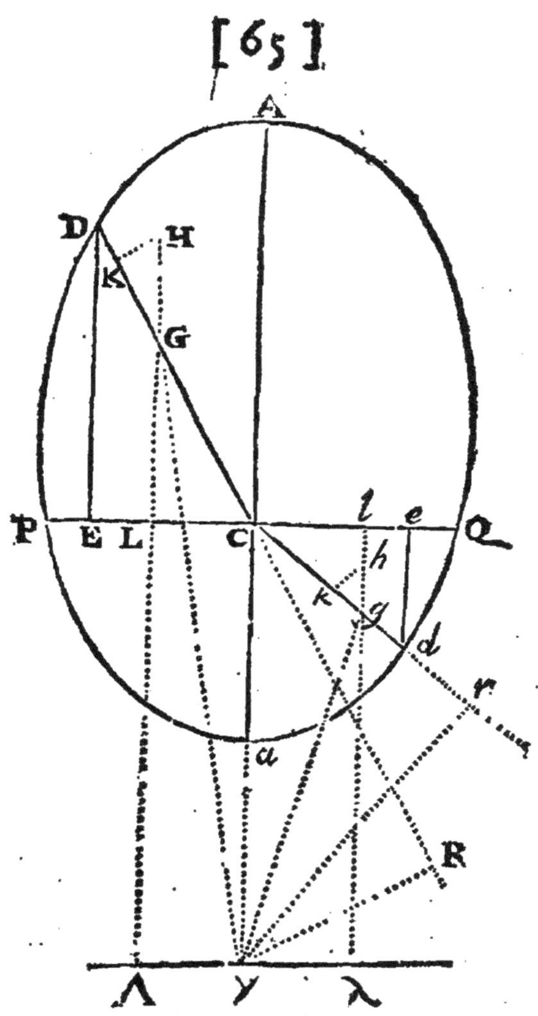

L'on a donc pour la force vers C, réfultante

de toutes ces forces, $\dfrac{\pi(bh+r)(bb+2bhr+rr)^{\frac{m-1}{2}}}{(a+b)^m}$

$+\dfrac{pr^n}{a^n} - \dfrac{fh(b+hr)}{a+b}$.

Concevant donc, comme dans le premier Probleme, la colomne CD compofée d'une infinité de petits cylindres dr, l'on aura

$$\int \left[\frac{\pi (bh+r)(bb+2bhr+rr)^{\frac{m-1}{2}}}{(a+b)^m} + \frac{pr^n}{a^n} - \frac{fh(b+hr)}{a+b} \right] dr,$$

qui doit faire un poids conſtant. L'on aura donc

$$\frac{\pi (bb+2bhr+rr)^{\frac{m+1}{2}}}{m+1 \;\; (a+b)^m} + \frac{pr^{n+1}}{n+1 \cdot a^n} - \frac{fbhr}{a+b} - \frac{fhhrr}{2(a+b)} = A.$$

Pour corriger cette équation, il faut que, lorſque $h = 1$, l'on ait $r = a$; l'on a donc alors

$$\frac{\pi (a+b)}{m+1} + \frac{pa}{n+1} - \frac{fab}{a+b} - \frac{faa}{2(a+b)} = A.$$

Et l'équation corrigée ſera

$$\frac{\pi (bb+2bhr+rr)^{\frac{m+1}{2}}}{m+1 \;\; (a+b)^m} + \frac{pr^{n+1}}{(n+1)a^n} - \frac{fbhr}{a+b}$$
$$- \frac{fhhrr}{2(a+b)} = \frac{\pi(a+b)}{m+1} + \frac{pa}{n+1} - \frac{fab}{a+b}$$
$$- \frac{faa}{2(a+b)}.$$

Ou (écrivant c pour $a+b$, & q pour $(m+1) \times (n+1)$)

$$2(n+1)\pi a^n \times (bb+2bhr+rr)^{\frac{m+1}{2}}$$
$$+ 2(m+1)pc^m r^{n+1} - 2qfa^n bc^{m-1} hr$$
$$- qfa^n c^{m-1} hhrr = 2(n+1)\pi a^n c^{m+1}$$
$$+ 2(m+1)pa^{n+1} c^m - 2qfa^{n+1} bc^{m-1}$$
$$- qfa^{n+1} c^{m-1}.$$

L'on voit que dans toutes les hypotheſes

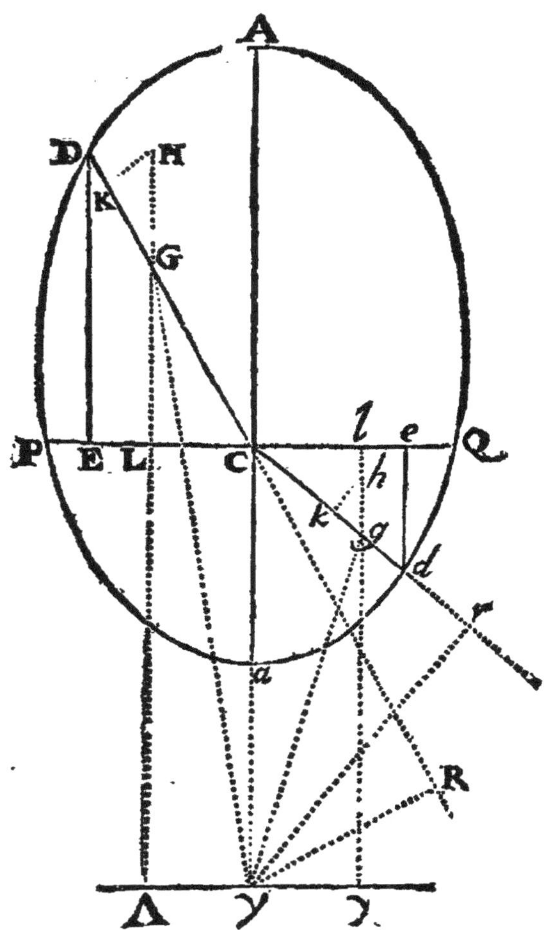

la section du Torrent est une courbe algébri-
que, excepté les hypotheses d'une attraction
vers γ ou vers C en raison simple inverse de
la distance.

Car si seulement $m = \overline{\quad\quad} \; 1$, l'équation
de la section du Torrent sera

$$\frac{\pi(a+b)}{2}l(bb+2bhr+rr)+\frac{pr^{n+1}}{(n+1)a^n}-\frac{fbh}{a+b}$$

$$-\frac{fhhrr}{2(a+b)}=\frac{\pi(a+b)}{2}l(a+b)^2+\frac{pa}{n+1}$$

$$-\frac{fab}{a+b}-\frac{faa}{2(a+b)}.\quad \text{Ou}\ \frac{\pi c}{2}l\left(\frac{bb+2bhr+rr}{cc}\right)$$

$$=-\frac{pr^{n+1}}{(n+1)a^n}+\frac{fbhr}{c}+\frac{fhhrr}{2c}+\frac{pa}{n+1}$$

$$-\frac{fab}{c}-\frac{faa}{2c}.$$

Et si seulement $n=-1$, l'équation sera

$$\frac{\pi(bb+2bhr+rr)^{\frac{m+1}{2}}}{m+1\,(a+b)^m}+palr-\frac{fbhr}{a+b}$$

$$-\frac{fhhrr}{2(a+b)}=\frac{\pi(a+b)}{m+1}+pala-\frac{fab}{a+b}$$

$$-\frac{faa}{2(a+b)}.\quad \text{Ou}\ pal\left(\frac{r}{a}\right)=-$$

$$\frac{\pi(bb+2bhr+rr)^{\frac{m+1}{2}}}{(m+1)\,c^m}+\frac{fbhr}{c}+\frac{fhhrr}{2c}$$

$$+\frac{\pi c}{m+1}-\frac{fab}{c}-\frac{faa}{2c}.$$

Mais si en même temps $m=-1$ & $n=-1$, l'équation sera

$$\frac{\pi(a+b)}{2}l(bb+2bhr+rr)+palr-\frac{fbhr}{a+b}$$

$$-\frac{fhhrr}{2(a+b)}=\frac{\pi(a+b)}{2}l(a+b)^2+pala$$

$$-\frac{fab}{a+b}-\frac{faa}{2(a+b)}.\quad \text{Ou}\ \frac{\pi c}{2}l\left(\frac{bb+2bhr+rr}{cc}\right)$$

$$+pal\left(\frac{r}{a}\right)=\frac{fbhr}{c}+\frac{fhhrr}{2c}-\frac{fab}{c}$$

$$-\frac{faa}{2c}.$$

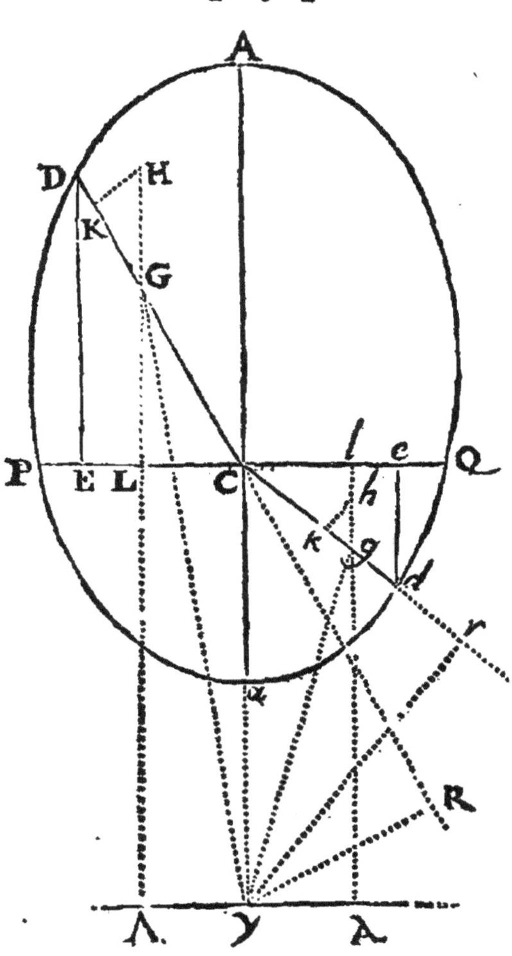

Si l'on veut avoir l'équation de la section du Torrent par rapport aux coordonnées rectangles ; faifant $CE = x$ & $DE = y$, l'on aura les deux équations $rr = xx + yy$, & $hr = y$; par le moyen defquelles on chaffera r & h des équations précédentes, & l'on aura pour le cas général

$$2\,(n+1)\,\pi a^{n}\,(bb+2by+yy+xx)^{\frac{m+1}{2}}$$

$$+\,2\,(m+1)\,pc^{m}\,(xx+yy)^{\frac{n+1}{2}}-2qfa^{n}$$

$$bc^{m-1}\,y-qfa^{n}c^{m-1}\,yy=2\,(n+1)\,\pi a^{n}$$

$$c^{m+1}+2\,(m+1)\,pa^{n+1}\,c^{m}-2qfa^{n+1}$$

$$bc^{m-1}-qfa^{n+2}\,c^{m-1}.$$

On trouvera de la même maniére les équations aux coordonnées rectangles, dans les cas
$m = -1$ & $n = -1$.

On trouvera la courbe PaQ comme nous
avons trouvé PAQ, en observant les changements convenables.

Car alors si la pèsanteur en a vers γ est
donnée & $= \pi$, la pesanteur en a vers $C = p$,
la force centrifuge en $a = f$, $Ca = a$,
$C\gamma = b$, $Cg = r$, $gl = hr$, $Cr = bh$ &
$\gamma g = V(bb - 2bhr + rr)$; l'on trouvera
la pesanteur en g vers C résultante de l'attrac-

tion vers γ, $\pi'' = \dfrac{\pi(bh-r)\,(bb-2bhr+rr)^{\frac{m-1}{2}}}{(b-a)^{m}}.$

On a de plus la pesanteur en g vers C,
$p' = \dfrac{pr^{n}}{a^{n}}.$

L'on trouvera aussi la partie de la force cen-
trifuge qui résulte en g vers C, $f'' = \dfrac{fh\,(b-hr)}{b-a}.$

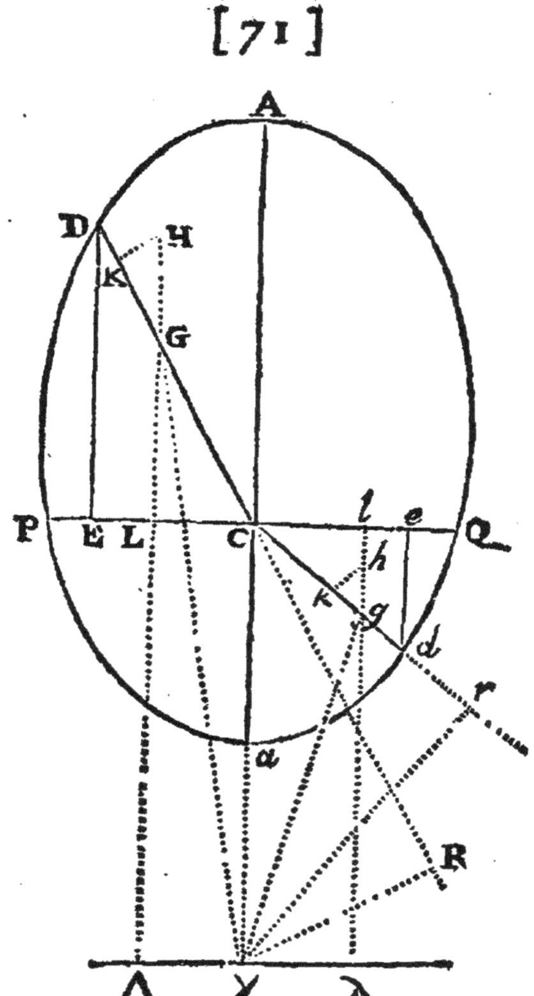

Mais ces deux derniéres forces font maintenant oppofées à la premiére ; on aura donc

$$\int \left[\frac{\pi(-bh+r)(bb-2bhr+rr)^{\frac{n-1}{2}}}{(b-a)^n} + \frac{pr^n}{a^n} \right.$$
$$\left. + \frac{fh(b-hr)}{b-a} \right] dr = A. \text{ D'où l'on tire}$$

E iiij

$$\frac{\pi\,(bb - 2bhr + rr)^{\frac{m+1}{2}}}{m+1\,(b-a)^m} + \frac{pr^{n+1}}{(n+1)\,a^n} + \frac{fbhr}{b-a}$$

$$- \frac{fhhrr}{2(b-a)} = \frac{\pi\,(b-a)}{m+1} + \frac{pa}{n+1} + \frac{fab}{b-a}$$

$$- \frac{faa}{2(b-a)}.$$

Et dans les cas $m = -1$, $n = -1$, l'on trouvera, comme ci-deſſus, les équations des ſections qui ne différeront que par le changement de quelques ſignes.

Par ces équations radiales, on trouvera des équations aux coordonnées, comme l'on a fait pour la courbe PAQ.

Et le poids de la colomne, tant dans la courbe ſupérieure que dans l'inférieure, devant toûjours être le même, on aura une équation entre le poids A dans la courbe ſupérieure, & le poids A dans l'inférieure, par laquelle on trouvera le rapport entre Ca & CA; & l'on déterminera ainſi la ſection entiére du Torrent.

SCHOLIE.

Quelle que ſoit l'hypotheſe de peſanteur, l'on pourra toûjours, pour un certain angle DCP, faire enſorte que le rayon CD ſoit d'une longueur donnée. Et par-là on pourra rendre la figure du Torrent plus ou moins applatie d'une infinité de maniéres, en mettant dans l'équation, pour h & r, des valeurs dé-

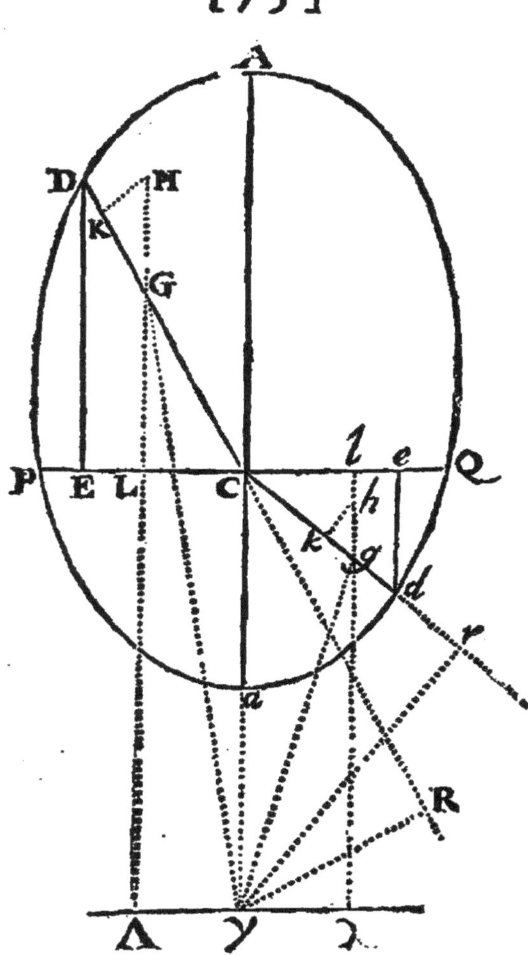

terminées. L'on pourra ainsi faire ensorte que
les points *P* & *Q* s'unissent en *C*, en mettant
o pour *h* & *r* ; & alors la section du Torrent
sera composée de deux figures ovales jointes
en *C*. Car on trouvera une infinité de rapports
entre π, *p* & *f*, qui donneront cette figure.

Si, par ex. on veut que les points *P* & *Q*

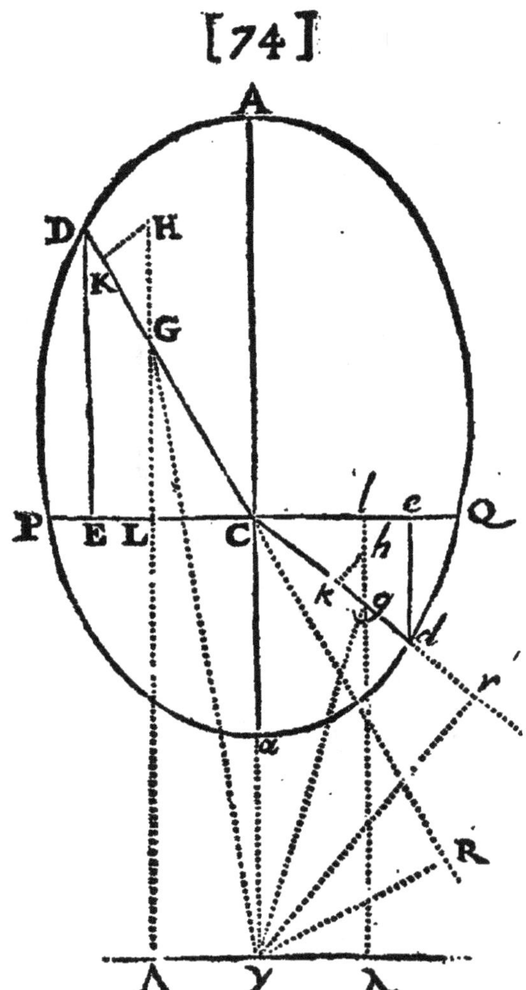

tombent en C; l'on aura $2(n+1)\pi b^{m+1} = 2(n+1)\pi c^{m+1} + 2(m+1)pac^{m} - 2qf abc^{m-1} - qfaac^{m-1}$. D'où l'on tirera une infinité de rapports entre π, p & f.

Si l'on suppose la pesanteur tant vers γ que vers C, proportionnelle à la simple distance au centre ; la section du Torrent sera une section conique. Et si l'on exige de plus que les points P, Q & C s'unissent, la figure sera composée de deux Ellipses jointes en C.

Maintenant si la distance $C\gamma$ s'évanoüit; ou si les deux centres s'unissent, l'on aura $b = 0$ & $c = a$; & le Torrent deviendra un Sphéroïde.

Si de plus on suppose $m = n$ & $\pi = 0$; l'équation générale de la section du Torrent deviendra $2pr^{n+1} - (n+1)fa^{n-1}hhrr = (2p - nf - f)a^{n+1}$. Ou dans le cas $n = -1$; $2pal\left(\frac{r}{a}\right) = \frac{fhhrr}{a} - fa$, comme on a trouvé dans le premier Probleme, qui n'est qu'un cas particulier de celui-ci.

CHAPITRE VIII.

Sur les figures des Corps célestes ; sur les Étoiles qui nous paroissent changer de grandeur ; & sur l'Anneau de Saturne.

TOUT ce que nous venons de dire s'applique de soi-même aux Corps célestes qui tournent sur leur axe, si l'on suppose que leurs parties ont pû s'arranger, & prendre chacune la place que sa pesanteur & sa force centrifuge lui marquoient.

Toutes les Planetes que nous connoiſſons, approchent fort de la ſphéricité, ſi l'on en excepte Jupiter, dont l'applatiſſement eſt aſſés conſidérable pour être remarqué par les Aſtronomes; mais elles n'en ſont pas moins ſujettes à toutes les figures dont je viens de parler: il ne faut dans la matiére qui les compoſe, que moins de denſité, ou plus de rapidité dans leur révolution ſur leur axe, pour leur donner toutes ces figures. Et pourquoi l'eſpece d'uniformité que nous voyons dans quelques Planetes nous empêcheroit-elle de ſoupçonner du moins la variété des autres que nous cache peut-être l'immenſité des Cieux? Relegués dans un coin de l'Univers, avec de foibles organes, pourquoi bornerions-nous les choſes au peu que nous en appercevons?

Nous avons vû que les Sphéroïdes peuvent prendre une infinité de figures différentes, ſelon le rapport de la peſanteur de leurs parties à leur force centrifuge ; & que dans pluſieurs hypotheſes, la Planete, depuis le Sphéroïde le moins applati, peut aller juſqu'à devenir une eſpece de Meule, ou même un Plan circulaire. Peut-être l'éloignement ſeul nous empêche-t-il d'appercevoir de pareilles Planetes. Mais elles pourroient encore, ſans être fort éloignées de nous, n'en être jamais apperçûës, fi leur Orbite fe trouvant dans le plan de l'Ecliptique, ou s'en éloignant peu, l'axe de leur révolution fe trouvoit perpendiculaire, ou à peu près, perpendiculaire à ce plan. De cette maniére la Terre fe trouvant toûjours dans le plan, ou prefque dans le plan de l'Equateur de ces Meules, leur peu d'épaiffeur les déroberoit à nôtre vûë.

Voilà donc dans les Cieux un nouveau genre de Planetes; du moins il s'y peut trouver. Pouffons plus loin cette idée.

Les Etoiles fixes font des Soleils comme le nôtre; il eft donc fort vrai-femblable qu'elles ont, comme le nôtre, un mouvement de révolution fur leur axe. Les voilà donc, felon la rapidité de leur mouvement, expofées à l'applatiffement; & pourquoi ne fe trouveroit-il pas de ces Etoiles plattes dans les Cieux? fi l'on penfe fur-tout que nous ne fçavons par aucune obfervation, quelle eft la figure des Etoiles fixes.

Mais il eft encore fort vrai-femblable que les Etoiles fixes ont leurs Planetes qui circulent autour d'elles, comme nôtre Soleil a les fiennes.

Si donc autour de quelque Etoile platte, circule quelque groffe Planete fort excentrique, ou Comete, dans une orbite inclinée au plan de l'Equateur de l'Etoile, qu'arrivera-t-il? la pefanteur de l'Etoile vers la Planete, lorfqu'elle approchera de fon Périhelie, changera l'inclinaifon de l'Etoile platte, qui par-là nous paroîtra plus ou moins lumineufe. Telle Etoile même que nous n'appercevions point, parce qu'elle nous prefentoit le tranchant, paroîtra lorfqu'elle nous prefentera une partie de fon difque; & telle Etoile qui paroiffoit, ne paroîtra plus. C'eft ainfi qu'on peut rendre raifon du changement de grandeur qu'on a obfervé dans quelques Etoiles, & des Etoiles qui ont paru & difparu.

Les Cometes ne font, comme nous avons vû, que des Planetes fort excentriques, dont quelques-unes après s'être fort approchées du Soleil, s'en éloignent en traverfant les orbites des Planetes plus réguliéres, & parcourent ainfi les différentes régions du Ciel.

Lorfqu'elles retournent de leur périhélie, elles traînent de longues queües qui font des Torrents immenfes de vapeur que l'ardeur du Soleil a fait élever de leur corps.

Si une Comete dans cet état paffe auprès de quelque puiffante Planete, la pefanteur vers la Planete pourra détourner ce torrent, & le déterminer à circuler autour d'elle, fuivant quelque Ellipfe, ou quelque Cercle. Et fa Comete fourniffant toûjours de nouvelle matiére, ou celle qui étoit déja répanduë étant fuffifante, il fe formera un cours continu de matiére, ou une efpece d'Anneau autour de la Planete.

La Planete exercera fur la matiére de ce Torrent une pefanteur réciproquement proportionnelle au quarré de fa diftance; mais il y aura encore, dans l'intérieur du Torrent, une feconde pefanteur réfultante de la matiére du Torrent. Enfin les parties du Torrent auront encore une troifiéme force, qui fera la force centrifuge que le mouvement de révolution leur fera acquérir.

Or quoique la colomne de matiére, qui forme le Torrent, foit d'abord cylindrique, ou conique, ou de telle autre figure qu'elle puiffe être ; elle prendra néceffairement quelque figure approchante de celles que j'ai déterminées dans le fecond Probleme. La force centrifuge tendra toûjours à applatir l'Anneau, & pourra être telle, tant par rapport à la pefanteur vers la Planete, qu'à la pefanteur des parties entr'elles, que l'épaiffeur de l'Anneau fera fort petite, par rapport à fa largeur.

Cependant le corps même de la Comete pourra être entraîné par la Planete, & forcé de circuler autour d'elle.

Ce que j'ai dit ci-deffus des Planetes plattes qui fe trouvent peut être dans le Syftème du

Monde, n'étoit que des conjectures affés vrai-
femblables fur leur exiftence. Quoique ces
Planetes ne paroiffent point à nos yeux, l'Efprit peut les concevoir, & les déduire des
loix de la pefanteur.

Les conjectures font devenuës plus fortes
à l'égard des Etoiles plattes; puifqu'outre leur
poffibilité, les phénomenes paroiffent nous
avertir qu'il y a effectivement de ces Etoiles
dans les Cieux.

Mais quant aux Torrents qui circulent autour des Planetes, il femble que nous ayons
quelque chofe de plus que des conjectures.
Nous voyons une Planete où il femble que
tout fe foit paffé comme je viens de le dire;
& l'on ne devroit pas s'étonner, quand on
verroit des Planetes ceintes de plufieurs Anneaux pareils à celui de Saturne.

Ces Anneaux doivent fe former plûtôt autour des groffes Planetes que des petites, puifqu'ils font l'effet de la pefanteur qui eft plus
forte dans les groffes Planetes que dans les
petites; ils doivent auffi fe former plûtôt autour des Planetes les plus éloignées du Soleil,
qu'autour de celles qui en font plus proches,
puifque dans ces lieux éloignés, la vîteffe des
Cometes fe rallentit, & permet par-là à la
Planete d'exercer fon action plus long-temps,

&

& avec plus d'effet fur le Torrent.

Ceci eft encore bien confirmé par l'expérience ; la feule Planete que nous voyons ceinte d'un Anneau, fe trouve une des plus groffes, & la plus éloignée du Soleil.

Le nombre de Satellites qu'a Saturne, & la grandeur de fon Anneau, peuvent faire croire qu'il les a acquis aux dépens de plufieurs Cometes. En effet, il faut que cet Anneau, tout mince qu'il nous paroît, foit formé d'une quantité prodigieufe de matiére pour pouvoir jetter fur le difque de la Planete l'ombre que les Aftronomes y obfervent ; pendant que la matiére des Queües des Cometes paroît fi peu denfe, qu'on voit ordinairement les Etoiles à travers ; il eft vrai auffi que la pefanteur que la matiére de ces Queües acquiert vers la Planete, lorfqu'elle eft forcée de circuler autour, la doit condenfer.

Quant aux Planetes qui ont des Satellites fans avoir d'Anneau ; l'on voit affés que la Queüe étant une chofe accidentelle aux Cometes, & ne fe trouvant qu'à celles qui ont été affés proche du Soleil, une Comete fans Queüe pourra devenir Satellite d'une Planete fans lui donner d'Anneau. Il eft poffible auffi qu'une Planete acquere un Anneau fans acquérir de Satellite, fi la Planete, trop éloignée

F

du corps de la Comete, ne peut entraîner que
ſa Queüe.

La matiére qui forme ces Anneaux, au lieu
d'être ſoûtenüe en forme de voûte à une cer-
taine diſtance, peut inonder de toutes parts le
corps autour duquel elle circule, & former
une eſpece d'Atmoſphere applatie, Et ce qui
peut arriver aux Planetes, peut arriver de la
même maniére aux Etoiles fixes. On attribüe
à une Atmoſphere ſemblable autour de nôtre
Soleil cette Lumiére que M. Caſſini * a obſervée dans le Zodiaque.

M. Newton a remarqué que la vapeur des
Cometes pouvoit ſe répandre ſur les Planetes,
lorſqu'elles venoient à s'approcher. Il croit
cette eſpece de communication néceſſaire aux
Planetes pour réparer l'humidité qu'elles per-
dent ſans ceſſe. Il croit même que les Cometes
peuvent quelquefois tomber dans le Soleil ou
dans les Etoiles ; & c'eſt ainſi qu'il explique
comment une Etoile, dont la lumiére eſt
prête à s'éteindre, ſi quelque Comete lui vient
fournir un nouvel aliment, reprend ſa premiére
ſplendeur. De célebres Philoſophes Anglois,
M. Halley & M. Whiſton, ont bien remarqué
que ſi quelque Comete rencontroit nôtre

* Mem. de l'Acad. des Sciences depuis 1666 juſqu'à 1699,
Tome VIII, ſeconde Edition.

Terre; elle y cauſeroit ces grands accidents, comme le changement de Poles, le bouleverſement, le déluge, ou l'embraſement ; mais au lieu de ces finiſtres cataſtrophes, la rencontre des Cometes pourroit ajoûter de nouvelles merveilles, & des choſes utiles à nôtre Terre.

F I N.

BIBLIOTHEQUE NATIONALE

SERVICE DES NOUVEAUX SUPPORTS

58, rue de Richelieu, 75084 PARIS CEDEX 02 Téléphone 266 62 62

Achevé de micrographier le (3 / 11 / 1977

Défauts constatés sur le document original

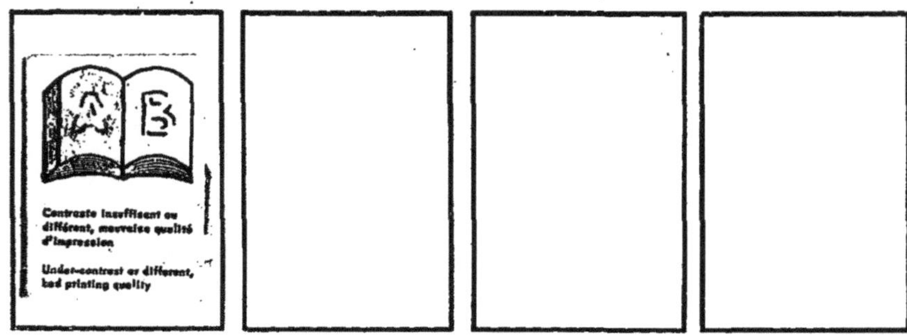